図面って、どない描くねん！

第2版

わかりやすく
やさしく
やくにたつ

現場設計者が教える
はじめての機械製図

山田 学 著
Yamada Manabu

日刊工業新聞社

エンジニアというマジシャンたちへ

　何も表示されていないディスプレイの前で、「(-"-;）うーん…」と腕組みをしている若い技術者がいます。先輩から「図面に寸法を入れてくれ」と頼まれたものの、学生時代に学んだ製図をいざ実践で使おうとしても、手が動きません‥。
　いい加減な図面を描いて会社に迷惑をかけてはいけないという責任感と、「学生時代に製図は習ってきたんやろ?」といわんばかりの先輩からの要求に、気持ちばかりが焦ります・・・ヾ(〃°▽°)ノアセアセ

　何もない無形のアイデアから思考し始め、要求される機能を一定期間保証できるものを具現化して、消費者の目の前に取り出してみせる、いわゆるマジシャンのような存在、それがエンジニアです。
　手のひらを開いて出てくるモノは、そのマジシャンのテクニック次第で、デザインや価格・使いやすさなど千差万別です。
　ビルを消したりライオンが出現したりするイリュージョンから、トランプやコインを使ったクローズアップマジックまで、スケールの違いこそあれ、どちらも立派なマジシャンです。設計も同じで、宇宙へ飛び立つロケットから子供向けの小さなおもちゃまで、設計をするという作業は同じで、どちらも立派なエンジニアなのです。
　しかし、マジシャンの取り出したモノが良いか悪いか判断するのは、目の前で見ている観客、つまり、消費者です。いかに観客の望んでいるモノを手際よく取り出すか、期待に反したモノを取り出したり、手際が悪かったりすれば観客からクレームがきます。

　それでは、エンジニアというマジシャンの一人である機械設計者が、はじめに習得しなければならない機械設計の基本「製図」についてお話しましょう。
　製図とは無形のアイデアから有形の部品を製作するために、設計者から製作者へ情報を伝える唯一の情報手段なのです。この情報手

段は、描き方ひとつで信頼性や価格を左右してしまう重要なテクニックのひとつです。

　残念ながら「製図」というテクニックは、観客に直接アピールできる華やかなものではありません。しかし、トランプを操る指先の動きを失敗しないように支えている精神力のような存在かもしれませんね。

　製図をおろそかに取り扱うエンジニアは真のエンジニアでないことを十分、肝に銘じておいてください。(*￣-￣)ニヤリッ

　先ほど私は設計のテクニック次第で千差万別の製品が生まれるといいました。
　しかし、製図では第三者が図面を見たとき、誰でも同じように判断できるものでなければいけません。つまり、アウトプットはひとつなのです。設計者のアイデアを寸分たがわず部品として作り、しかも1個でも1万個でも作った時に同じ品質のモノが継続してできなければ、設計者の考えたとおりのものづくりにならないからです。

　製図には誰が描いても製作者が同じように理解できる、つまり答えをひとつにするためのルールがあります。皆さんの属する会社の図面は、先輩たちによってより良い図面になるように改定が加えられ、その企業独自の"製図作法"が確立された結果なのです。したがって、企業によって図面の描き方は少しずつ異なっています。まず、この現実を理解してください。そして、これら企業独自の"製図作法"の基礎となるものが日本工業規格の定めるJIS製図です。

　冒頭にも書いたように、ディスプレイの前で腕を組んで捻っている若い技術者はルールをはっきりと知らなかったのでしょう。
　まずはルールがわかれば図面を描き始めることは可能です。
　それでは、ルールに従って描けば、よい図面ができるのでしょうか？
　いえいえ、ルールに従うだけでは、その図面に設計者の魂が入りません。
　この設計者の魂こそが寸法基準であり、寸法配列であり、寸法公差であり、幾何公差なのです。
　本書では、JIS製図の作法を紹介し、機械設計者として図面に魂を反映させる手段も含めて詳しく説明します。

　さて、あなたは図面を描くときに何に悩んでいますか？
　実務経験がない人は、まず何から描いてよいのかわからない。寸法はどうやって入れたらよいのか？　公差って何…?

「え〜い！どないすんねん！」（ノー"ー）ノ ⌒ ┫ °・∴。と叫びたくなりますよね。

下図のアンケート結果を見てください。
　実は実務経験3年を超える中堅技術者に片足を踏み入れた設計者たちでさえ公差や幾何公差をよく理解していないし、寸法の入れ方も本当にこれでよいのだろうかと疑っている人が多いのです。

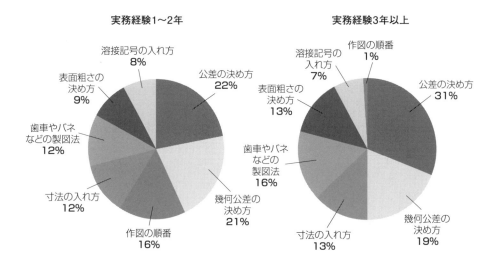

そう、みんな悩んでいるのですから、(/▽＼)恥ずかしがることはありません。
　まずはJIS製図の作法に興味を持ち、寸法の入れ方から公差や幾何公差の考え方を理解し、立派なマジシャン＝エンジニアになるようにその一助となれば幸いです。問題点のフィードバックなど、ホームページを通して紹介しています。

「Lab notes by 六自由度」
書籍サポートページ
http://www.labnotes.jp/

　本書の執筆にあたり、お世話いただいた日刊工業新聞社出版局の方々にお礼を申し上げます。

2016年2月

山田 学

目次 CONTENTS

エンジニアというマジシャンたちへ ………………………………………… i

第1章 JIS製図の決まりごとって、なんやねん! ………… 1
- 1-1 JIS製図について ……………………………………… 2
- 1-2 図面様式 ………………………………………………… 4
- 1-3 表題欄に記入する材料記号 …………………………… 8
- 1-4 表題欄に記入する表面処理記号 ……………………… 14
- 1-5 線、文字、尺度 ………………………………………… 19

第2章 投影図ってどない描くねん! ……………………… 27
- 2-1 投影図の表し方 ………………………………………… 28
- 2-2 補助投影図の表し方 …………………………………… 38
- 2-3 断面図の表し方 ………………………………………… 41
- 2-4 その他の図示法 ………………………………………… 46

第3章 寸法ってどない入れるねん! ……………………… 49
- 3-1 寸法の構成要素 ………………………………………… 50
- 3-2 基本形状の寸法記入 …………………………………… 55
- 3-3 その他形状の寸法記入 ………………………………… 68

第4章 寸法配列と寸法公差って何の関係があるねん! ……………………………… 75
- 4-1 寸法記入法 ……………………………………………… 76
- 4-2 普通寸法公差 …………………………………………… 78
- 4-3 寸法の配列 ……………………………………………… 80
- 4-4 寸法公差 ………………………………………………… 85
- 4-5 はめあい ………………………………………………… 89
- 4-6 寸法公差値の決め方と解析 …………………………… 100
- 4-7 表面性状(表面粗さ) …………………………………… 108

第5章 寸法ってどこから入れたらええねん! ……… 119
- 5-1 寸法記入原則 ……… 120
- 5-2 実例を用いた寸法記入思考例 ……… 121

第6章 幾何公差ってなんやねん! ……… 139
- 6-1 幾何公差 ……… 140
- 6-2 寸法公差と幾何公差の相互依存 ……… 157

第7章 加工の記号はどない使うねん! ……… 167
- 7-1 溶接の種類 ……… 168
- 7-2 溶接記号 ……… 170
- 7-3 センター穴の簡略図示 ……… 184

第8章 機械要素図面の描き方がわからへん!! ……… 189
- 8-1 ねじの表し方 ……… 190
- 8-2 歯車の表し方 ……… 199
- 8-3 ばねの表し方 ……… 205

第9章 図面管理ってなんやねん! ……… 211
- 9-1 図面管理 ……… 212
- 9-2 検図 ……… 217
- 9-3 図面変更 ……… 219

将来に向かって‥ ……… 222

第1章

JIS製図の決まりごとって、なんやねん!

図面を描けといわれても、
何から手をつけていいのか、わからへん!

(ノ≧o≦)ノ┤°・∵。

まず、はじめにJISを理解し、
図面を描く手順から勉強しましょう。

(*￣∀￣)"b" チッチッチッ

1-1	JIS 製図について
1-2	図面様式
1-3	表題欄に記入する材料記号
1-4	表題欄に記入する表面処理記号
1-5	線、文字、尺度

第1章

1　JIS製図について

JIS製図

JISとは、ジスと発音しJapan Industrial Standard（日本工業規格）の略で、工業標準化法に基づき、すべての工業製品について定められる日本の国家規格のことをいう。
JIS B 0001:2010（機械製図：Technical drawings for Mechanical Engineering）に規定されるものが、いわゆるJIS製図である。

企業活動のグローバル化に伴い、国際的な設計・製図分野の標準化が進められ、JIS規格も国際標準に準ずるよう定期的に改定が加えられています。

JISマーク

製図に関係する代表的なJIS規格を列記します。

JIS Z 8310　製図総則	JIS Z 8311〜8316　様式、線、文字、尺度、投影法、図形の表し方	
JIS B 0001　機械製図	JIS B 0002　ねじ及びねじ部品	JIS B 0003　歯車製図
JIS B 0004　ばね製図	JIS B 0006　スプライン及びセレーション	JIS B 0021　製品の幾何特性仕様（GPS）
JIS B 0022　幾何公差のためのデータム	JIS B 0023　最大実体公差方式及び最小実体公差方式	JIS B 0024　公差表示方式の基本原則
JIS B 0025　位置度公差方式	JIS B 0026　非剛性部品	JIS B 0027　輪郭の寸法及び公差の表示方式
JIS B 0028　寸法及び公差の表示方式—円すい	JIS B 0029　突出公差域	JIS B 0031　表面性状の図示方法
JIS B 0041　センタ穴の簡略図示方法	JIS B 0051　部品のエッジ	JIS B 0123　ねじの表し方
JIS B 0401　寸法公差及びはめあいの方式	JIS B 0405, 0408, 0410, 0411, 0415, 0416, 0417　普通寸法公差	JIS B 0419　普通幾何公差

☞　機械製図に関する総合的な内容は、JIS B 0001に制定されている

報告書などの文書を作成すること、図面を作画することは、お互い書き手の意思を口頭ではなく、紙面に文字や図として表し、正確に第三者に伝えることです。
　つまり、**目的は**"**意思の伝達**"なのです。
　そのためには、以下のことに注意して文書や図面を作成しなければいけません。

◇**正確さ**

　図面は、投影対象物の形状、大きさ、加工精度、仕上げ状態、測定条件などを記入し、設計意図が伝わるように加工者や測定者に対して必要な情報をもれなく記入します。

◇**簡潔さ**

　図面は、形状を繰り返す投影図の選択を避け、読みやすい文字の大きさと適切な空間を設け、必要があれば大きなサイズの用紙を選択したり、複数枚に分割したりすることも検討しなければいけません。

◇**わかりやすさ**

　図面は、第三者が理解しやすいように断面図や補助投影図を用い、図や記号だけでは解釈が難しい場合には、注記文として補足します。

第1章　2　図面様式

> **図面様式（ずめんようしき）**
> 製図用紙のサイズや様式はJIS Z 8311に規定されている。
> 図面の大きさはA列サイズの長辺を左右方向（横向き）に置いて用いる。ただし、A4は、短辺を左右方向（縦向き）に置いて使用することができる。
> 図面には、図面の輪郭、表題欄、中心マークを描かなければならない。

1-2-1　用紙のサイズ

図面はCAD（キャド：コンピュータを利用して設計を支援するツール）を使って描くことが当たり前になりました。現在は、3次元CADが主流になり、図面の描き方も様々な試行錯誤が行われています。例えば、主要寸法と寸法公差、幾何公差、注記だけを記入し、その他の一般寸法は3次元モデルを参考とする簡略化した図面や、3次元モデル上に寸法をダイレクトに記入する方法など…。

しかし、検図や検査業務では紙の図面がないと作業性が悪くなるため、多くの企業で紙の図面が必要とされています。

JIS製図では、用紙はA列の5種類を標準サイズとして規定しています（**表1-1**）。

本書はA5サイズですので、本書を横に半分に切った大きさがA6サイズで文庫本の大きさであり、逆に本書を2冊並べたサイズがA4サイズになります。同様にA4サイズを2倍にしたサイズがA3サイズ、以降A2サイズ、A1サイズと2倍ずつ大きくなり、A0サイズが最大となります（**図1-1**）。ただし、これらの規格サイズに入りきらず延長する場合には、別途規定された延長サイズを用います。

表1-1　図面の大きさと種類

呼び	短辺×長辺
A0	841×1189
A1	594×841
A2	420×594
A3	297×420
A4	210×297

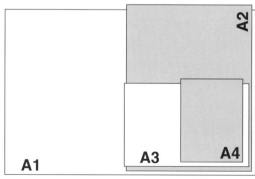

図1-1　用紙サイズイメージ

1-2-2　図面の輪郭（りんかく）

　製図用紙の周辺は使用しているうちに破れなどの破損が生じやすいため、図面に輪郭線を設けます。また、図面を折ったりコピーしたりするときの便宜のため、図面の各辺の中央に太い実線で中心マークをつけます（**図1-2**）。

　輪郭線はA0サイズとA1サイズは4周をそれぞれ20mmあけて描き、A2～A4サイズは4周をそれぞれ10mmあけて描きます。

　ただし、とじ代を設ける必要のある場合は、A2～A4サイズにおいて図面を見る方向から見て左端のみ20mmあけて描きます。

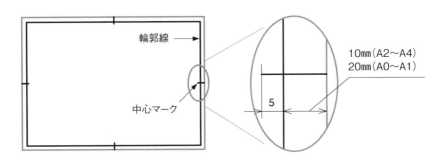

図1-2　輪郭線と中心マーク

■D(￣ー￣*)コーヒーブレイク

　A4とA3では2倍の面積差があるので、図面を拡大あるいは縮小コピーする場合に、200%あるいは50%と設定してしまいがちですが、実は右図のように長辺同士あるいは短辺同士の長さ比較になりますので、141%あるいは70%を設定しなければいけません。

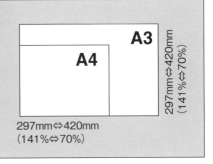

☞　輪郭線を描く際は、中心マークを忘れない

1-2-3　格子参照方式(こうしさんしょうほうしき)

　図面は、輪郭線を偶数等分して区域を分ける場合があります。
　図面を正面から見て左から横の辺に沿って1.2.3と数字を、また縦の辺に沿ってA.B.Cとアルファベットの大文字を割り当てます(**図1-3**)。
　このように振り分けることで、例えば「A-2のエリアにある図形がおかしい」とか、「B-3のエリアにある穴の寸法が漏れている」など、目の前にいない相手に電話や電子メールで問い合わせる場合に説明しやすくなります。
　この手法は道路地図やクーポン雑誌で店の所在地を地図で示す場合にも用いられていますので、イメージがつかみやすいと思います。

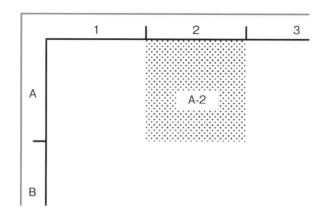

図1-3　格子参照方式

1-2-4 表題欄（ひょうだいらん）

表題欄は、図面の管理上必要な事項(部品番号や部品名称、作成者など)を記入するために図面の一部に設ける"見出し"のようなものです（**図1-4**）。

表題欄の位置は原則として図面の右下、または図面情報が重なる場合には右上隅とし、かつ図面の見る向きと合わせます。A4サイズを縦に使う場合は、下部に配置されます。

特にJISでは表題欄のフォーマットを規定していませんので、企業ごとに表題欄の形式は異なります。

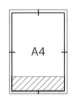

図1-4　表題欄の例

一般的に表題欄には、次のような項目を記載します。

- 投影法
- 版数（はんすう）
- 部品（図面）番号
- 表面処理の記号
- 設計担当者の名前
- 承認者の名前
- 企業名
- 3DモデルNo.
- 尺度（しゃくど）
- 部品名称
- 材料記号
- 製図者の名前
- 検図者の名前
- 日付
- 普通許容差
- 単位

最近は、3Dモデルデータの番号も書くときあるで！

第1章　JIS製図の決まりごとって、なんやねん！

第1章　3　表題欄に記入する材料記号

> **材料記号**
> 材料記号は、アルファベット文字と数字で表記され、鉄や鋼（はがね）、非鉄金属、樹脂材料の特性や形状などを識別するために規格化された記号をいう。特に金属材料の記号は、海外規格と完全に一致した記号ではなく、日本国内専用の記号であるため、海外で手配する場合には注意が必要である。

1-3-1　金属材料の分類

金属材料は、鉄と鋼（はがね）、非鉄金属に大別されます（図1-5）。

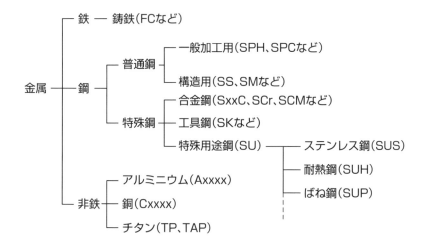

図1-5　金属材料の分類

> **φ(@°▽°@)　メモメモ**
>
> **鉄と鋼（はがね）の違い**
>
> 　鉄と鋼の違いは、含有する炭素の量です。炭素含有量が0.04％未満の金属を純鉄、0.04％以上2.1％未満の金属を鋼と呼び、2.1％以上入った金属を鋳鉄（ちゅうてつ）、または銑鉄（せんてつ）と呼びます。

1-3-2　鉄鋼材料の記号

鉄鋼材料の記号は、原則として次の3つの部分から構成されます。

1）最初の部分は材質を表します
　英語またはローマ字の頭文字、もしくは元素記号を用いて、材質を表しています。

2）次の部分は規格名または製品名を表します
　英語またはローマ字の頭文字を使って、板、棒、管、線、鋳造品などの形状別の種類や用途を表す記号が多くあります。

3）最後の部分は種類を表します
　材料種類番号の数字、最低引張強さ、または耐力（通常3桁数字）を表しています。ただし、機械構造用鋼の場合は、主要合金元素量コードと炭素量の組み合わせで示しています。

鋳鉄…鋳造品（鉄を溶かして型に流し込み固める加工）に使われる炭素鋼で、切削性、耐摩耗性、耐熱性に優れ、マンホールなどに使われています。

F　C　250　：鋳鉄（ちゅうてつ）
　F：鉄（Ferrum）　C：鋳造（Casting）　250：引張強さ　250N/mm^2

普通鋼…一般的な強度部材として使用されます。炭素量が少なく焼入れなど熱処理で硬くならない（軟窒化処理は除く）ため、耐摩耗性が要求される摺動用部品には不向きです。

S　S　400　：一般構造用鋼
　S：鋼（Steel）　S：一般構造用（Structure）　400：引張強さ　400N/mm^2

S　PC　C　：冷間圧延鋼板
　S：鋼（Steel）　PC：冷間圧延（Plate Cold）　C：一般用（Commercial）

特殊鋼…様々な合金が添加されており、熱処理をする前提で使用することが一般的です。熱処理によって硬度が高くなるため、摺動による耐摩耗性やより強度が必要な場合に用います。

S　45　C　：機械構造用炭素鋼
　S：鋼（Steel）　45：炭素含有量0.45（％）の100倍の数値　C：炭素（Carbon）

S CM 4 15：クロムモリブデン鋼

S：鋼（Steel）　　CM：クロム、モリブデン（Chromium, Molybdenum）
4：元素コード　15：炭素含有量0.15（％）の100倍の数値

S K 140：工具鋼

S：鋼（Steel）　　K：工具（Kougu）
140：炭素含有量1.4（％）の100倍の数値

S U S 304：ステンレス鋼

S：鋼（Steel）　　U：用途（Use）　　S：ステンレス（Stainless）
304：種類番号

S U P 9 ：ばね鋼

S：鋼（Steel）　　U：用途（Use）　　P：スプリング（Spring）
9：種類番号

S W P A ：ピアノ線

S：鋼（Steel）　　W：線（Wire）　　P：ピアノ（Piano）　　A：種類番号

S U M 22：硫黄（いおう）及び硫黄複合快削鋼（かいさくこう）

S：鋼（Steel）　　U：用途（Use）　　M：切削性（Machinability）
22：種類番号

φ(@°▽°@)　メモメモ

5大元素

　鉄鋼材料は構成している成分と熱処理によって様々な性質を持つ素材です。純鉄を主成分とし、その他の含有比率が大きい元素を5大元素ということがあります。

炭素(C)	強さと硬さが上昇する反面、脆性(もろさ)を増す。
ケイ素(Si)	強さ(降伏点)を向上させ、耐熱性を増す。
マンガン(Mn)	脆性を低減する。被削性や焼入れ性を増す。
リン(P)	脆性を増す。引張強さを若干高め、伸び、絞りを下げる。不純物として扱われる。
硫黄(S)	Mnと結合しMnSとして存在する。被削性が増す。不純物として扱われる。

1-3-3　非鉄金属材料の記号

　非鉄金属材料とは、鉄を主成分とする鉄鋼材料以外の金属のすべてを指し、アルミニウム合金や銅合金が一般的に利用されます。
　非鉄金属材料の記号は、原則として次の2つの部分から構成されます。

1）最初の部分は材質を表します
　英語の頭文字を用いて、材質を表しています。

2）次の4桁の数字は種類を表します
　材料種類番号の数字を4桁で表しています。

非鉄金属・・・軽量化や、防錆、電気導電性など機能を優先にする際に使用します。

<u>A</u>　<u>5052</u>：アルミニウム合金

> A：アルミニウム（Aluminum）　　5052：種類番号

<u>C</u>　<u>2800</u>　：銅合金

> C：銅（Copper）　　2800：種類番号

Engineering Technology

金属材料選択のコツ

1. 機能や使用環境を把握し、材料に要求される適正な情報をまとめる。
   ⇒強度、耐食性、耐熱、耐摩耗性、軽量化、導電性、磁性、表面処理など
2. 入手性・在庫品など市場性を考慮した適正なコスト意識を持つ。
   ⇒社内の標準材料、使用実績を把握する。
3. 材料の規格（平板・丸棒・六角など素材形状）に関する適正な知識を持つ。
   ⇒切削するのか、素材のまま使うのか、引抜材・研磨材を使うのか。
4. 製作数量やばらつきを考慮して、加工・組立方法の適正な判断基準を持つ。
   ⇒ボルト締結、溶接構造、鋳造、鍛造によって選択する材料が変化する。
5. LCA（Life Cycle Assessment）やリサイクルなど環境負荷の少ない材質を知る。
   ⇒加工時のエネルギー消費量が少ないこと、廃棄時のリサイクルが容易なこと。

☞　金属材料の記号は、日本国内専用の記号である

1-3-4　樹脂材料の記号

樹脂材料は、熱可塑性樹脂と熱硬化性樹脂に大別され、次のように分類されます（図1-6）。

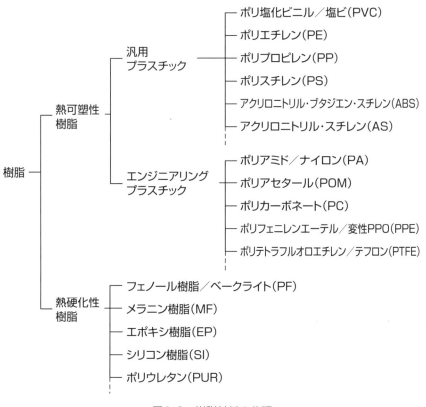

図1-6　樹脂材料の分類

> **φ(@°▽°@)　メモメモ**
>
> **熱可塑性(ねつかそせい)樹脂と熱硬化性(ねつこうかせい)樹脂の違い**
>
> 　熱可塑性樹脂は、加熱するたびに軟化して流動体になり、冷えると固体になる性質を持ち、一般的な機能部品などに使用されます。⇒チョコレートに似ている
> 　熱硬化性樹脂は、成形時に加熱した際に流動体になるが、一度固体化すると再加熱しても軟化しない性質を持ち、装置から発火した際に延焼を防止するために外装カバーなどに採用されます。⇒クッキーに似ている

プラスチック製品の識別及び表示（JIS K 6999）

プラスチック製品に材質を表示する場合は、くぎりマーク ">" 及び "<" で挟んだ適切な記号または略語を、製品表面のいずれかの位置に表示する。

◇単一のポリマーまたはコポリマーからなる製品は、次のように表示します。
　例）アクリロニトリル‐ブタジエン‐スチレン
　　　＞ABS＜
　例）耐衝撃性のあるポリスチレン
　　　＞PS-HI＜

◇ポリマーブレンドまたはアロイの製品は、成分ポリマーに対する適切な略語を用い、最初に主成分を、続いて他成分を質量分率の大きい順に "+" 記号で区切ります。
　例）ポリカーボネートとその中に分散したABSとのアロイ
　　　＞PC+ABS＜

表示の方法は、次のいずれかによります。
・金型に記号を彫り、成形過程で行う。
・ポリマーのエンボス加工、メルトインプリント（刻印押し）、その他で読みやすく、かつ消えない表示方法で行う。

樹脂材料記号の図面への指示は明確に決まっていません。設計機能上、刻印する位置はそれほど重要ではありませんので、次のように指示するとよいでしょう（図1-7）。

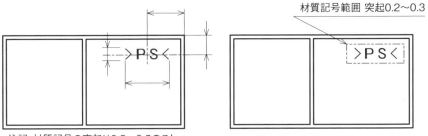

　　a）位置を指示する場合　　　　b）概略の範囲を指示する場合

図1-7　樹脂部品への材質表記の例

第1章 4 表題欄に記入する表面処理記号

表面処理

一般的に金属の表面に、防錆や装飾を目的としためっきや塗装に加えて、強さの向上や耐摩耗性を目的とした熱処理がある。

1-4-1　めっき

金属や樹脂の表面に金属の薄い膜をかぶせる技術を「めっき」といいます。自動車や家電製品に使われる金属部品の防錆や装飾には、一般的に電気めっきが使われます。

JISが規定する電気めっきの記号を下記に示します（**図1-8**）。

例）Ep-Fe/Zn 8/CM 2:B
（電気めっき-鉄素地/亜鉛めっき8μm以上/有色クロメート処理：通常の屋外での使用）

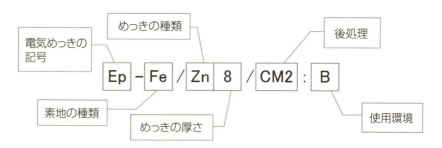

電気めっき	Ep：電気めっき　　ELp：無電解めっき
素地の種類	Fe：鉄　　Cu：銅・銅合金　　Zn：亜鉛合金　など
めっきの種類	Ni：ニッケル　Cr：クロム　ICr：工業用クロム Cu：銅　　Zn：亜鉛　など
めっきの厚さ	数値の単位はμm（マイクロメートル＝ミクロン）
後処理	CM1：光沢クロメート　　CM2：有色クロメート ＊黒クロメートは記号なし
使用環境	A：腐食性の高い屋外　B：通常の屋外 C：湿気の高い屋内　　D：通常の屋内

図1-8　めっきの記号の意味

☞ 光沢クロメートより有色クロメートの方が防錆力は高い

Engineering Technology

環境問題とめっき

めっきを採用する際に、環境負荷について配慮しなければいけません。

・RoHS指令（ろーずしれい）

RoHS指令は、欧州連合（EU）内で流通する製品の製造元と供給元にとって非常に重要な指令です。RoHSの文字は、Restriction of Hazardous Substances（危険物質の制限）の略で、日常生活で遭遇したり生態系に入り込んだりする危険物質を減少することが目的です。

そのため、次の6つの物質の使用が制限されます。

物質名	製品内許容濃度	含有物質
Pb（鉛）	0.1wt%	はんだ、合金など
Hg（水銀）	0.1wt%	スイッチなど
Cd（カドミウム）	0.01wt%	電池、塗料など
Cr^{6+}（六価クロム）	0.1wt%	亜鉛めっきなど
PBB（ポリ臭化ビフェニール）	0.1wt%	コンデンサなど
PBDE（ポリ臭化ジフェニルエーテル）	0.1wt%	樹脂の難燃材など

※0.1Wt%とは、1kgの製品に対して1gまで許容されることを意味する。

RoHS指令が発令する2006年以前の亜鉛めっきのクロメート処理には六価クロムが含有されていましたが、RoHS対応する場合は三価クロムが代用されています。

しかし未だに、日本国内でも亜鉛めっきに六価クロムを使用する業者もたくさんありますので新規のめっき業者と取引する場合や、海外でめっき加工する場合は、六価クロムを使用していないか確認すべきです。

図面指示するうえで、三価クロムと六価クロムを区別する記号は存在しないため、三価クロムを指示する場合は、めっきの記号の後ろに「三価クロム」と表記するとよいでしょう。

φ(@°▽°@) メモメモ

- **電気亜鉛めっきの旧記号**

  設計の現場では、いまだに古いめっきの記号を使っている場合があります。
  代表的なめっきで、新旧記号の違いを比較してみましょう。

現在の記号	以前の記号
Ep-Fe/Zn8/CM2 　Ep：電気めっき 　F：鉄素地 　Zn：亜鉛めっき 　8：めっき厚さ8μm以上 　CM2：有色クロメート	MFZn8-C 　M：めっき 　F：鉄素地 　Zn：亜鉛めっき 　8：めっき厚さ8μm以上 　C：有色クロメート
Ep-Fe/ICr20/2BF 　Ep：電気めっき 　F：鉄素地 　ICr：硬質クロムめっき 　20：めっき厚さ20μm以上 　2BF：めっき後バフ研磨	Micr20　めっき後バフ 　M：めっき 　icr：硬質クロムめっき 　20：めっき厚さ20μm以上
ELp-Fe/Ni(90)-P20 　ELp：無電解めっき 　F：鉄素地 　Ni：ニッケルめっき 　90：組成(ニッケル90％) 　P：リン(残10％) 　20：めっき厚さ20μm以上	カニゼンめっき または 無電解ニッケルめっき

- **アルミ材料へのめっき**

  アルミ材にめっきを施すことは少なく、「アルマイト処理」が一般的です。
  　耐食性や表面硬度を向上でき、無色あるいは着色できることから装飾性を兼ねることができます。アルミ材料全般に処理が可能です。
  　図面指示する場合、専用の記号がありません。注記として「アルマイト処理」と被膜の厚み（10μm～30μm程度）、色を明記します。

| 1-4-2 | 熱処理 |

　熱処理とは、鉄鋼その他の金属に変態点(材質の組織が変化をする温度)以上まで加熱後、急冷することにより、所要の性質および状態を与えるために行う処理をいいます。熱処理を示す記号は存在しないため、表題欄あるいは注記として、熱処理名を記入します。一般的によく使う熱処理を列記します。

◆焼入れ焼戻し

　部品全体を加熱後急冷する焼入れ処理の後、焼戻し処理を行います。部品を炉の中に入れて焼入れをするため不要な部分まで硬化されます。**炭素含有量が多くないと硬くならないため、炭素量が0.25%を超える中炭素鋼以上に適用します。**
　表題欄の中や注記として、「焼入れ焼戻し」と指示します。
　　例)　注記　　1．焼入れ焼戻しのこと。硬度はHRC45以上のこと。

◆高周波（こうしゅうは）焼入れ

　原理は焼入れ焼き戻しと同じですが、高周波誘導電流によって該当する部分だけに焼入れをする方法です。焼入れ後には焼き戻しが行われます。
　投影図中に焼入れ対象部分を寸法と共に指示します（図1-9）。

　　例)　注記　　1．指示部は高周波焼入れのこと。硬度はHRC45以上のこと。

図1-9　高周波焼入れの指示例

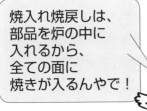

◆浸炭（しんたん）焼き入れ

　表面に炭素を浸入・拡散させて、工具鋼並みに高炭素化する方法です。炭素量0.2％程度の低炭素鋼に適用します。硬化層深さは1mm前後が多く、形状の制限を受けず、複雑形状かつ小型部品の大量処理が可能です。部品を炉の中に入れて焼入れをするため、不要な部分まで硬化されます。

　表題欄の中や注記として、「浸炭焼入れ」と指示します。
　　例）　注記　　1．浸炭焼入れのこと。表面硬度はHRC55以上のこと。

◆窒化（ちっか）・・高級鋼用：SKやSCMなど
◆軟窒化（なんちっか）・・低級鋼用：炭素鋼やSPC材など

　鋼の表面に窒素を浸入・拡散させて、窒化層を形成させて硬化させます。炭素鋼全般からステンレスまで幅広い材料に適用できます。鋼の変態点以下で処理されることから寸法安定性がよいことが特徴ですが、窒化層深さが0.1mm程度のため、衝撃や大きな面圧のある環境には不向きです。部品を炉の中に入れて焼入れをするため、不要な部分まで硬化されます。

　表題欄の中や注記として、「窒化」あるいは「軟窒化」と指示します。
　　例）　注記　　1．軟窒化処理のこと。表面硬度はHmV400以上のこと。
　　※HmV：マイクロビッカース（試験荷重を1Kgf以下で測定したときの単位）

| 第1章 | 5 | 線、文字、尺度 |

1-5-1　線

機械図面には、次の8種類の線を使用します。
- 太い実線（じっせん）　　・細い実線　　・極太の実線
- 太い破線（はせん）　　　・細い破線
- 太い一点鎖線（いってんさせん）・細い一点鎖線
- 細い二点鎖線（にてんさせん）

表1-2　線の種類と適用（抜粋）

用途名称	線の種類		適用
外形線	太い実線	———	対象物の見える部分の形状を表すのに用いる。
寸法線	細い実線		寸法を記入するのに用いる。
寸法補助線			寸法を記入するために図形から引き出すのに用いる。
引出線			記述・記号などを示すために引き出すのに用いる。
回転断面線			図形内にその部分の切り口を90度回転して表すのに用いる。
中心線			図形に中心線を簡略して表すのに用いる。
かくれ線	太い破線または細い破線	― ― ―	対象物の見えない部分の形状を表すのに用いる。
中心線	細い一点鎖線	—・—・—	a) 図形の中心をあらわすのに用いる。 b) 中心が移動する中心軌跡を表すのに用いる。
ピッチ線			繰り返し図形のピッチを取る基準を表すのに用いる。
特定指定線	太い一点鎖線		特殊な加工を施す部分など特別要求事項を適用すべき領域を表すのに用いる。
想像線	細い二点鎖線	—‥—‥—	a) 加工前または加工後の形状を表すのに用いる。 b) 工具、治具などの位置を参考に示すのに用いる。 c) 図示された断面の手前にある部分を表すのに用いる。
破断線	フリーハンドによる細い実線またはジグザク線	～√～	対象物の一部を破った境界、または一部を取り去った境界を表すのに用いる。
切断線	細い一点鎖線で、端部及び方向が変わる部分を太くしたもの	┐_┌	断面図を描く場合、その断面位置を対応する図に表すのに用いる。
ハッチング	細い実線を規則的に並べたもの	//////	図形の限定された特定の部分を他の部分と区別するのに用いる。例えば、断面図の切り口を示す。
特殊用途線	細い実線	———	外形線およびかくれ線の延長を表すのに用いる
	極太の実線	▬▬▬	圧延鋼板、ガラスなど薄肉部を単線図示するのに用いる。

☞　旧JISにあった「中線（ちゅうせん）」という種類は、現在のJISには存在しない

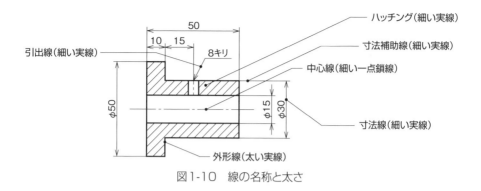

図1-10 線の名称と太さ

右の図は、太さ0.5mm、濃さBのシャープペンシル1本で描いた例です。

太線はペンを回さず固定して、強く押し付けて描き、細線はペンを回転させながら、強く押し付けて描いています。

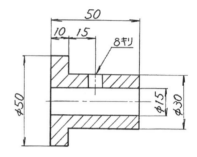

図1-11 手書き図面の線の使い方

2種類以上の線が同じ場所で重なる場合は、線の優先順番に従い描きます。

① 外形線（visible outline）
② かくれ線（hidden outline）
③ 切断線（line of cutting plane）
④ 中心線（center line）
⑤ 寸法補助線（projection line）

φ(@°▽°@) メモメモ

手書きで図面を描く場合の鉄則

『太く濃く！ 細く濃く！』

細線を"細く薄く"描くと勘違いしている人が多いのですが、薄い線はコピーしたときに視認性が悪く、よい図面とはいえません。

JISでは線の太さや線の切れ目など細かい規定がありますが、CADの場合は線種がCADソフトに登録されていますので、気にする必要はないでしょう。

| 1-5-2 | 文字 |

図面に用いる用語および文章に関する作法を以下に示します。
a) 用いる漢字は常用漢字表を用いるのがよい。
b) 送り仮名は、平仮名または片仮名のいずれかを用い、一連の図面において混用しない。
c) 文章は文章口語体で左から始まる横書きとする。
d) 図面注記は簡潔明瞭に書く。英文は、全ての文字を大文字にしてもよい。
　例1)　本図に指示なき事項は、別図によること
　　　　Unless otherwise shown in this drawing, refer to the other drawings.
　例2)　Z面を除き全面仕上げのこと。
　　　　Finish all over except surface "Z".
　例3)　断面D-D
　　　　SECTION D-D
　例4)　E部詳細(尺度3：1)
　　　　DETAIL-E (SCALE 3×)

　平仮名で統一しても、外来語（例えば、ロットナンバーやラベルなど）や規定されている用語（例えば、キリ、リーマなど）、付番のア、イ、ウなどは、片仮名で表記しなければいけません。

　海外のメーカーとやり取りする場合は、日本語と英語の注記を併記した方がよい場合があります。なぜなら、設計者は自分の描いた図面に英語で注記を書くために内容を理解できますが、図面を読む立場の製造や検査部門の日本人担当者は英語を理解できず、誤った解釈をする可能性もあるからです。

　CADによる文字入力では、フォント(文字の書体)について特に規定はありません。仮名は読みやすさを考慮して、ひらがなを用いるとよいでしょう。
　和英を併記する場合は、和文を最初に、次に英文を記述します。

☞ 送り仮名にひらがなを使用する場合でも外来語はカタカナを使う

文字の大きさは、JISでは次のように規定されています。
・漢字　　呼び　3.5、　5、　7、　10の4種類
・仮名　　呼び　2.5、　3.5、　5、　7、　10の5種類
・ローマ字数字　呼び　2.5、　3.5、　5、　7、　10の5種類
　※いずれの場合も、特に必要がある場合はこの限りではありません。

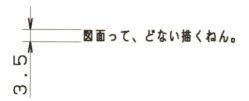

■D(￣ー￣*)コーヒーブレイク

EXCELやWORDなどの文字の大きさ（ポイント）

　ポイントはアメリカなどで使われている単位で、1ポイント＝72分の1インチです。（1インチ＝約25.4ミリメートル）
　1pt = 1/72in = 約0.35mm
　よく使われるポイント数をmmに換算すると、以下のようになります。

9pt = 9/72in = 約3.18mm
10pt = 10/72in = 約3.52mm
11pt = 11/72in = 約3.88mm
12pt = 12/72in = 約4.23mm

| 1-5-3 | 尺度(しゃくど) |

投影図は、部品のイメージを把握するだけでなく、加工者ができあがった部品を図面に重ねて確認することもあるため、実物大で描くことのできる用紙を選択することが望ましいといえます。

しかし、担当する製品の性質上、図面サイズに対して投影対象物が小さすぎたり大きすぎたりすることがあります。そのため、製図の際に尺度を変更することができます（表1-3）。

実物と同じ尺度を「現尺（げんしゃく）」といい、1：1と表現します。

実物より拡大して描く尺度を「倍尺（ばいしゃく）」といい、X：1と表現します。

実物より縮小して描く尺度を「縮尺（しゅくしゃく）」といい、1：Xと表現します。

※上記のXは、倍率にあわせた数値を記入します。例）2：1　1：5

表1-3　JISの推奨する尺度

種類	推奨尺度		
倍尺	50：1 5：1	20：1 2：1	10：1
現尺	1：1		
縮尺	1：2 1：20 1：200 1：2000	1：5 1：50 1：500 1：5000	1：10 1：100 1：1000 1：10000

1枚の図面に幾つかの尺度を用いる場合は、主となる尺度だけを表題欄に示します。その他の尺度は、該当する部分の近辺にある照合文字（A部など）に表記します。（第2章の図2-17を参照してください。）

ばねの図面や電気部品では、投影図を正確な大きさで描かず、イメージ形状として指示する場合があります。

この場合、尺度が正確ではないため、尺度欄には「NTS」と記入する場合があります。NTSは、Not to scale（尺度不問）という意味で、JISでは規定されていません。

☞　1：3や1：4、√2：1のように、中間の数値を用いることもできる

CAD製図の注意点

　図形は2倍の大きさで描いたけど、寸法を入れる際に尺度変更を忘れていると、原寸のままの寸法を記入してしまい、できた部品を見てびっくりすることがよくあります。

　特にCADを用いる場合、設計者はCADを信頼しきっていますから、尺度設定を忘れて、図形に現尺と倍尺の寸法が混在することもよく見受けられます。尺度を変えて製図するときは特に注意が必要です。

　実務設計において、尺度を変更した図面を用いてDR（設計審査：Design review）をする場合は、尺度による勘違いに注意をしなければいけません。

φ(@°▽°@)　メモメモ

目の錯覚に注意

　倍尺で図面を描くと強度上弱いものでも強そうに見えたり、逆に縮尺で図面を描くと頼りなく見えてしまい、肉厚を増やしてしまったり、現物ができてから「あれ？」と思うことがよくあります。

　このような勘違いは品質やコストに影響するので、図面の尺度に惑わされないように、日ごろから図面と現物を見比べて、エンジニアとしての勘を磨いておきましょう。

第1章のまとめ

第1章でやったこと

図面の大きさや表題欄に記入する項目を学習しました。

材料を表現するのに材料記号や表面処理の記号が存在することを理解し、特に金属材料は日本国内でしか通用しない専用の記号であることを知りました。

図面を描くための基礎として、線種の使い分けや文字の使い方、尺度の変更について知りました。

よくやる間違い例

◆あいまいな材料指示、表面処理指示の悪い例

　× 材質：ステンレス　⇒　○ 材質：SUS304 など
　× 表面処理：めっき　⇒　○ 表面処理：Ep-Fe/Zn 8/CM 2 など

◆線漏れ、線種を間違えた悪い例

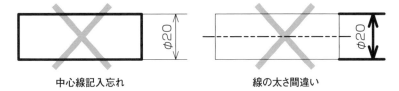

　　　　中心線記入忘れ　　　　　　　　線の太さ間違い

◆漢字の変換ミスに注意

　× 交差は〜　　　　　⇒　○ 公差は〜
　× 〜は使用書による　⇒　○ 〜は仕様書による
　× 支持なき角部〜　　⇒　○ 指示なき角部〜

次にやること

◇図面の輪郭線や表題欄など、その企業独特の特徴がよく表れているのがわかります。取引先の企業の図面を見比べてみましょう。

◇図面を描く前段階の作法を知りましたので、次に第三者に誤解のないわかりやすい投影図を描くためのテクニックを学びましょう。

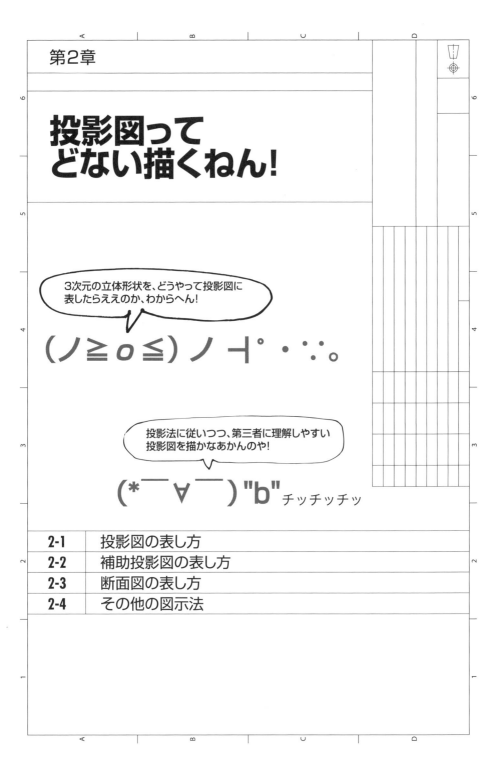

|第2章|1|# 投影図の表し方|

図形の配置

製図に用いる投影法は、JIS Z 8315に規定され、その中でも正投影法による図形の表し方はJIS Z 8316に規定されている。正投影法には、第一角法・第三角法・矢示法があり、同等に用いることができるが、JISとして統一を図るために第三角法を用いる。つまり、日本国内では、第三角法を使って図面を作成する。

ただし、紙面の都合により第三角法で表しきれない場合は、矢示法と組み合わせて使用する。

2-1-1　投影図（とうえいず）

投影図とは、投影対象物をさまざまな方向から見た図を1枚の図面に表したもので、対象物を完全に図示するためには6方向の投影図が必要です。6方向から見たときの投影図の名称を図2-1に表します。

投影対象物の最も特徴のある方向から見た図を正面図として選びます。

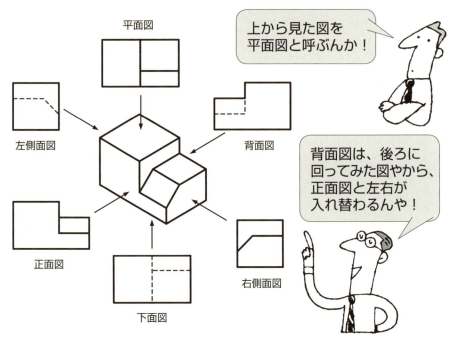

図2-1　6方向から見た投影図の名称

2-1-2　第三角法（だいさんかくほう）による投影図の配置

採用する投影法は、国によって異なります。日本を始め、アメリカ、カナダ、韓国などは第三角法を使用します。またヨーロッパ諸国や中国、インドは第一角法を使用します。第三角法と第一角法は、正面図を基準として、周辺の投影図の配置が異なります（**表2-1**）。

表2-1　第三角法と第一角法の違い

投影図の名称	第三角法	第一角法
正面図	特徴のある方向から見た図を正面図とする	
右側面図	正面図の右側に配置	正面図の左側に配置
左側面図	正面図の左側に配置	正面図の右側に配置
平面図	正面図の上側に配置	正面図の下側に配置
下面図	正面図の下側に配置	正面図の上側に配置
背面図	都合によって側面図の左右どちらかに配置	

図面には、どの投影法を用いたのかを図面内に記号で指示しなければいけません。

第三角法の記号は、**図2-2**のように表し、一般的に表題欄内に明記します（**図2-3**）。

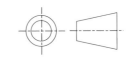

図2-2　第三角法を表す記号

投影図は正面図を基準に、左右上下の位置を合わせて配置します（**図2-3**）。

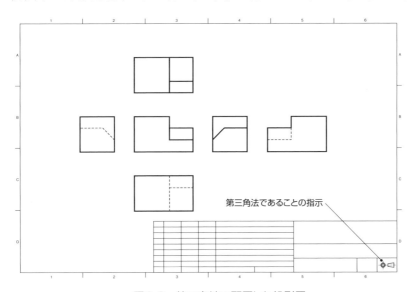

図2-3　第三角法で配置した投影図

2-1-3　矢示法による投影図の配置

矢示法（やじほう）

紙面の都合上、第三角法や第一角法の正しい配列に並べることができない場合は、矢示法を用いて投影図を配置することができる。
矢示法は、厳密な投影関係にとらわれず矢印と大文字のアルファベットを用いて紙面の任意の余白部に形状を投影させる手法のことである。

例えば、関連する2つの投影図を第三角法の配置で表すと図面からはみだしてしまう場合があるとします。ワンサイズ大きな用紙を使うこともできますが、用紙のサイズを変えたくない場合は、矢示法により投影図を紙面の余白部に配置変更することができるという作法です。

ただし、矢印方向から見た投影図は投影法（日本では第三角法）に従い図示し、かつその投影図には矢示法を用いたことを明確にするために矢で示したアルファベットを投影図の近くに記入します（**図2-4**）。

この場合、矢印と大文字のアルファベットで指示し、文字は投影の向きに関係なくすべて上向きに書きます。

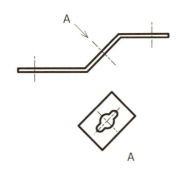

図2-4 矢示法で配置した投影図の例

矢示法に使用するアルファベットは、一般的にAから始めますが、他の箇所（断面図や詳細図、幾何公差など）で、すでに使われているアルファベットは、重複しないようにそれらに続くアルファベットを選択しましょう。
また、投影図の近辺に書く言葉は、「A」の他に「A矢視」「View A」など、第三者が誤解しない文言であれば自由に表現してかまいません。

2-1-4　投影図の表し方

> **投影図の表し方**
> ・他の投影図（断面図を含む）が必要な場合には、あいまいさがないように完全に対象物を規定するのに必要かつ十分な投影図や断面図の数とする。
> ・不必要な細部の繰り返しを避ける。
> ・補足の投影図に見える部分を全部描くと、図がかえってわかりにくくなる場合には、部分投影図または局部投影図として表す。
> ・可能な限り隠れた外形線やエッジを表現する必要のない投影図を選ぶ。
> ・かくれ線は、理解を妨げない場合には、これを省略する。
> ・一部に特定の形を持つものは、なるべくその部分が上側に表れるように描くのがよい。

例えば、溝つきの軸の投影図を描く場合を考えてみましょう（**図2-5**）。

軸をもっとも特徴のある方向から見た図は、AとBのどちらと思いますか？

丸く見える図よりも全長や溝の形状と位置が把握できるA（A-1でもA-2でも同じ）の方が、圧倒的に情報量が多いため、Aを正面図とするのが一般的です。

円筒形状の場合、上下から見た図は全く同じ形状となるためA-1またはA-2のどちらかは不必要な繰り返しとなるため省略します。

左右の側面から見た図B-1、B-2は、丸い形状を表現するために必要ですが、第3章で解説する寸法補助記号「φ」を示すことで円筒であることを表現できるため、B-1、B-2ともに省略するのが一般的です。

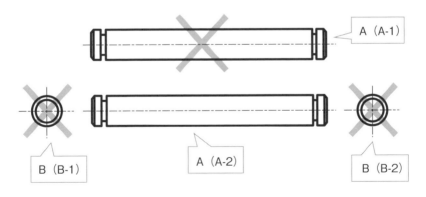

図2-5　溝つきの軸の投影図

1）円筒形状部品の投影図の向き

　円筒形状の部品を切削加工する場合は、旋盤（せんばん）を使用して加工することが一般的です。旋盤は、円筒材料を水平方向にセットして加工するため、円筒部品の投影図は必ず中心線を水平に向けます。

　さらに旋盤は、加工者の左側で材料をチャックで固定し、右側からバイト（刃物）を当てる構造なので、削る量が多い方を右に向けます（図2-6）。

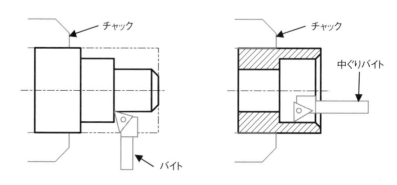

図2-6　旋盤加工するときの投影図の向き

☞　円筒形状の部品の投影図は、水平に配置し加工量の多いほうを右に向ける

2）ブロック形状部品の投影図の向き

　ブロック形状の部品を切削加工する場合は、フライス盤を使用して加工することが一般的です。一般的に使用される立型フライス盤の特徴は、固定した部品の上側に刃物がセットされるので、削る量が多い方を上に向けます（**図2-7**）。
　ただし、長尺部品の場合は、横長に向ける場合もあります（**図2-8**）。

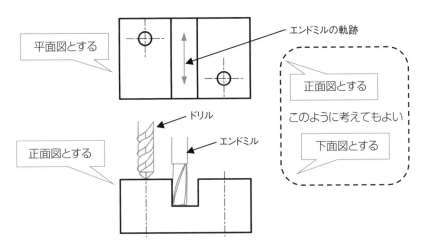

図2-7　フライス盤加工するときの投影図の配置（1）

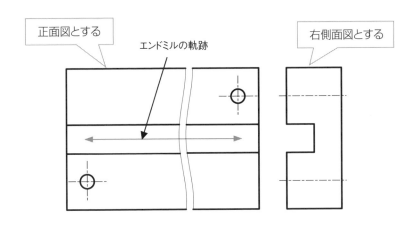

図2-8　フライス盤加工するときの投影図の配置（2）

☞　ブロック形状の部品の投影図は、加工量の多い面を上（または横）に向ける

3) 一部に特定の形を持つ投影図の向き

　例えば、キー溝を持つ穴や軸、表面に穴または溝を持つ軸や管、切欠きを持つリングなどのように、一部に特定の形を持つ投影図は、なるべくその部分が投影図の上側に向くように描きます（**図2-9**）。

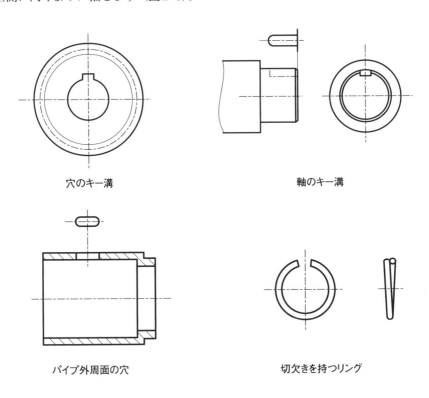

図2-9　上側に表れるように描く特定の形状

☞　一部に特定の形をもつ投影図は、上に向ける

2-1-5　図形の省略

1）中間部分の省略

　次に示す長尺部品は、紙面を節約するために中間部分を切り取り、その主たる部分だけを近づけて、短く図示することができます（図2-10）。
- 同一断面形の部分　　　　　　例）軸、棒、管、形鋼
- 長いテーパなどの部分　　　　例）長いテーパ軸

破断面は、細い実線で描いたスプライン、あるいはジグザグ線で表します。

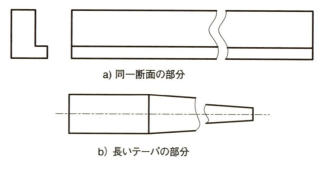

図2-10 中間部分の省略

2）対称図形の省略

　上下または左右対称の部品は中心線の片側だけを描き、残りの片側を省略することができます。この場合、図の片側が省略されたことを示すために、省略する境界となる中心線の両端に、「対称図示記号」という2本の平行細線を描かなければいけません（図2-11）。

図2-11 対称図形の省略

> 形状線は対称となる中心線で止め、中心線は少し飛び出させると見栄えがええで！

☞ **対称図示記号は2本の平行細線で描く**

3）繰り返し図形の省略

同一投影図上に同種同形のものが規則正しく並ぶ場合は、想像線（細い二点鎖線）や中心線を使って、その図形を省略することができます（**図2-12**）。

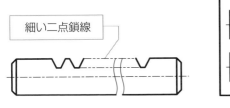
a) 連続して隣り合うラック歯の場合
（想像線を使った例）

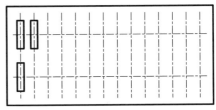
b) 均等に多数配列された角穴の場合
（中心線を使った例）

図2-12 繰り返し図形の省略

4）既知の図形の省略

傾斜面などに存在する穴などの形状を補助投影図などで表せる場合、正投影で表す投影図（下図では下面図）では省略することができます（**図2-13**）。

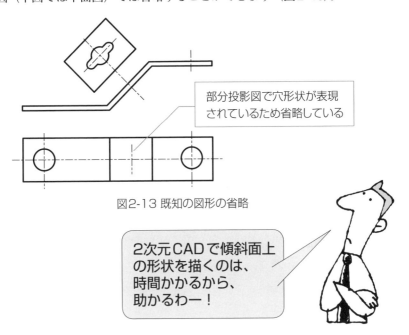

部分投影図で穴形状が表現されているため省略している

図2-13 既知の図形の省略

2次元CADで傾斜面上の形状を描くのは、時間かかるから、助かるわー！

| 第2章 | 2 | 補助投影図の表し方 |

2-2-1　補助投影図

斜面部がある対象物で、その斜面の実形を表す必要がある場合には、その斜面に対向する位置に補助投影図として表すことができます（図2-14）。

斜面に対向する位置に投影形状を省略することなく正投影として表す場合、以降に示す部分投影図や局部投影図のように線を結ぶ必要はありません。

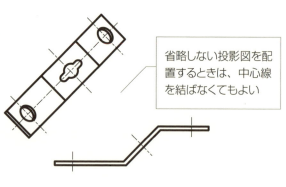

図2-14　斜めから見た図を表す補助投影図

2-2-2　部分投影図

対象物の必要な部分だけを示せば十分なとき、その必要な部分だけを部分投影図として表すことができます。この場合、省いた部分との境界は破断線を用いて示しますが、明確な場合は破断線を省略することも可能です。この場合、隣接する投影図との間に中心線か、中心線がない場合は、形状の一部と細い実線で結びます（図2-15）。

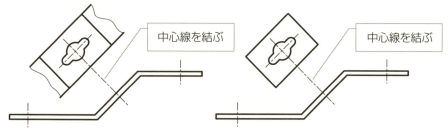

図2-15　部分投影図

☞ 部分投影図は、隣接する投影図と中心線あるいは細い実線で結ぶ

2-2-3　局部投影図

　穴や溝などの形状だけを示せば形状を理解できる場合は、詳細の不必要な繰り返しを避けるために局部投影図を使うことができます。部分投影図と同様に、隣接する投影図との間に中心線か、中心線がない場合は形状の一部と細い実線で結びます（図2-16）。

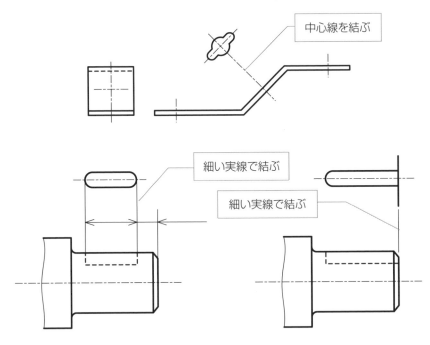

図2-16　局部投影図

☞ 局部投影図も、隣接する投影図と中心線あるいは形状の一部と細線で結ぶ

2-2-4　部分拡大図

　対象物のある特定部分が小さいために、その部分の詳細な図示や寸法の記入がしにくい場合は、その部分を細い実線で囲み、かつアルファベットの大文字で表示するとともに、その該当部分を適当な場所に適当な尺度で拡大したものを示します。これを部分拡大図といいます。

照合文字（Ａなど）と尺度を合わせて付記しておく必要があります（図2-17）。

　元図の尺度が現尺（1：1）で描かれているとき、部分拡大図をその2倍の大きさで描く場合は、下図のように（2：1）と表記します。

　元図の尺度が縮尺（1：2）で描かれているとき、部分拡大図をその2倍の大きさで描く場合は、（1：1）と表記します。

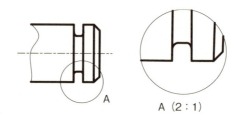

図2-17　部分拡大図

φ(@°▽°@)　メモメモ

部分拡大図に表示する尺度の値

部分拡大図に表示する尺度の数値は、相対尺度ではなく絶対尺度として表示します。
例)　元図の尺度…1：1　⇒2倍にした部分拡大図への表記…2：1
　　　元図の尺度…1：2　⇒2倍にした部分拡大図への表記…1：1
　　　元図の尺度…2：1　⇒5倍にした部分拡大図への表記…10：1

第2章 3 断面図の表し方

> **断面図（だんめんず）**
> 隠れた部分をわかりやすくするために、断面図として表すことができる。断面図の図形は、切断面を用いて対象物を仮に切断し、切断面の手前の部分を取り除き、投影図のルールに従って描く。

　断面図とは投影対象物をある方向から切って断面で表した図面のことです。なぜ断面にするのかというと、投影対象物の内部の見えない部分を図示しようとするとかくれ線（破線）で表しますが、かくれ線が多くなると形状を理解しにくくなってしまうからです。

　しかし、投影対象物によっては断面図で表さないほうが、形状をわかりやすくすることがあります。例えば、次の要素は長手方向に切断しません（図2-18）。

切断したために理解を妨げるもの…リブ、アーム、歯車の歯
切断しても意味のないもの…軸、ピン、ボルト、ナット、座金、小ねじ、
　　　　　　　　　　　　　　リベット、キー、鋼球、円筒ころ

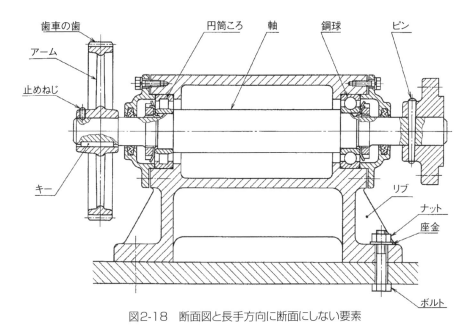

図2-18　断面図と長手方向に断面にしない要素

☞ **補強のリブや軸、ボルト、ナットは切断しない**

2-3-1　全断面図

　全断面図は、投影対象物の基本的な形状を明確に表すための手段として使用します。

　断面で表す場合、ほぼ対称形状と判断できる場合は、切断面を示す切断線は記入しません（図2-19）。断面の切り口のハッチング処理の有無に規定はなく、任意となります。

図2-19　全断面図（一つの断面の場合）

　しかし、特定の部分を断面にする場合は、切断線を用いて切断面を指示しなければいけません。切断線は、細い一点鎖線とその両端や変化のある部分に太線で区切りをつけます（図2-20）。

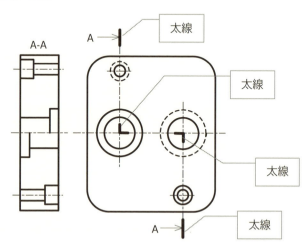

図2-20　全断面図（オフセットした二つの断面の場合）

☞　ほぼ対称形状を断面にする場合、切断線は記入しない

切断面は水平や垂直方向以外に、中心線に対してある角度をつけて切断することもできます(**図2-21**)。

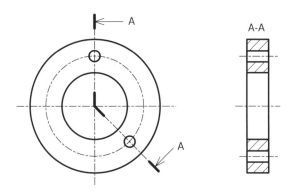

図2-21　全断面図(角度をつけた断面の場合)

| 2-3-2 | 片側断面図 |

対称形状の部品において、中心線から一方を外形図、もう一方を断面図として表したものが片側断面図です(**図2-22**)。

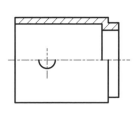

図2-22　片側断面図

断面にした面と
断面にしない面の
違いを表すときに
使うとええな!

2-3-3　部分断面図

　外形図の一部を切り欠くことで断面を示し、該当部の特徴を見せることを部分断面図といいます。この場合、境界を破断線で示します（図2-23）。
　見誤るおそれがない場合、切断線を省略してもかまいません。

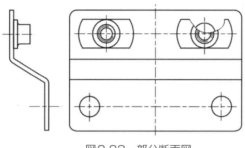

図2-23　部分断面図

2-3-4　回転図示断面図

　ハンドルのアーム、リブ、フック、軸などの切り口を90度回転させて表したものを回転図示断面図といいます（図2-24）。**切断箇所に重ねて描く場合のみ、細い実線で描きます。**

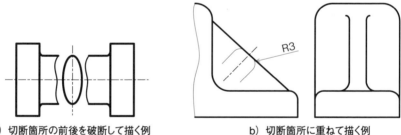

a) 切断箇所の前後を破断して描く例　　　　b) 切断箇所に重ねて描く例

図2-24　回転図示断面図

傾斜したリブの角Rを指示するのに使えるんやな！

👉　切断箇所に重ねて描く回転図示断面図は、細い実線で表す

2-3-5　ピッチ円上の穴の表記

　ピッチ円上に配置する穴やねじは、側面の投影図（断面を含む）においては、次のように表します（図 2-25）。
・中心線はピッチ円が作る円筒の上端と下端の位置に描きます。
・断面図では投影の向きに関係なく、その片側だけに1個の穴を示し、他の穴は省略します。

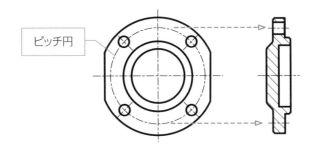

図 2-25　ピッチ円上の穴の表記

φ(@°▽°@)　メモメモ

穴の配置と設計意図

　円筒のフランジなどに穴やねじを設計する場合、次の2つの設計思想が考えられます。
・取付け時に回転方向の姿勢が重要でないとき、ピッチ円上に穴を配置します。
・取付け時に回転方向の姿勢が重要なとき、XY座標上に穴を配置します。
　XY座標上に穴を配置したときの断面図は、片側の穴を描かず、中心線も実際の位置に記入します。ただし右図のような完全な円筒形状の場合、X-Y座標が決まらないため穴位置の検査ができません。したがって、座標を定義できる平面のない形状では、ピッチ円で指定すべきなのです。

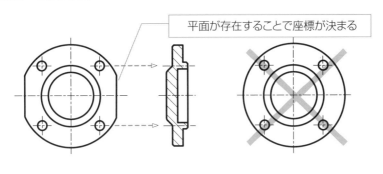

平面が存在することで座標が決まる

第2章　4　その他の図示法

2-4-1　相貫線（そうかんせん）

2つ以上の立体が交わる部分の線を相貫線といいます。平面同士が互いに交わる場合、相貫線は直線になりますが、平面と曲面あるいは曲面同士が交わる場合、相貫線は曲線になります（**図2-26**）。

相貫線

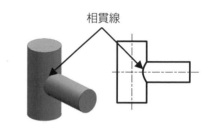

図2-26　相貫線を表した投影図

交わる部分のRの大きさと、リブのRの大きさによって相貫線が変化します（**図2-27**）。

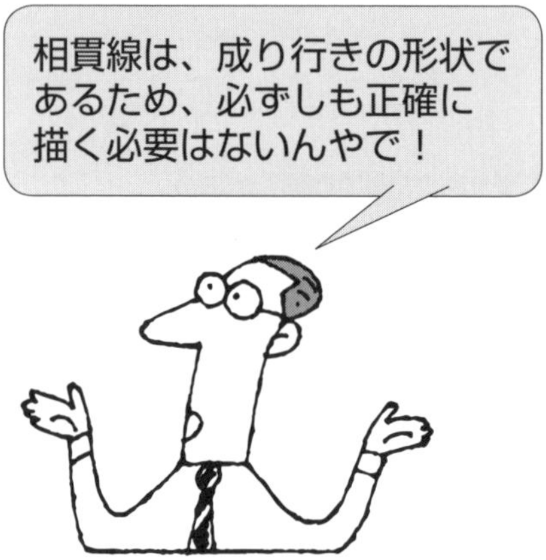

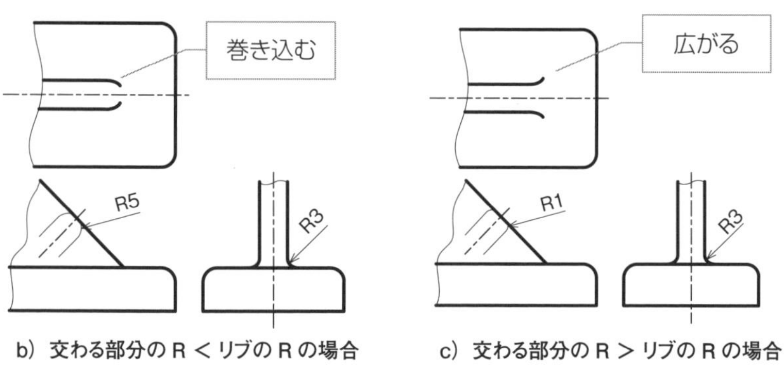

相貫線は、成り行きの形状であるため、必ずしも正確に描く必要はないんやで！

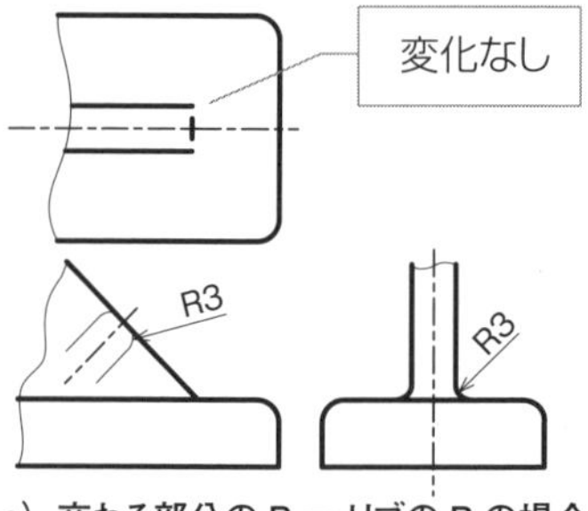

変化なし
R3
R3
a）交わる部分のR＝リブのRの場合

巻き込む
R5
R3
b）交わる部分のR＜リブのRの場合
広がる
R1
R3
c）交わる部分のR＞リブのRの場合

図2-27　交わるRの大きさで変化する相貫線

2-4-2 平面部分の表示

投影対象物の一部分だけが平面であることを示す場合、細い実線の対角線を記入します。隠れた部分に平面がある場合も、細い実線の対角線を記入します（**図2-28**）。

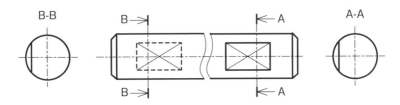

図2-28　一部だけが平面であることの表示

2-4-3 模様（もよう）などの表示

ローレット加工する部分を表面の一部分に描くことができます（**図2-29**）。

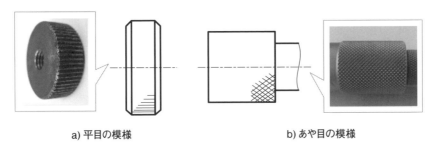

a) 平目の模様　　　　　　　b) あや目の模様

図2-29　ローレットの表示

φ(@°▽°@) メモメモ

ローレットの工具

ローレットは下図のような工具を丸軸に押し当て表面に山を形成します。モジュールによって山と山の距離（ピッチ）や高さが異なります。

モジュール	山ピッチ	山谷高さ
0.2	0.628	0.132
0.3	0.942	0.198
0.5	1.571	0.326

第2章のまとめ

第2章でやったこと

　第三角法による投影図の配置など投影図を描く際の基本要件を理解できたと思います。図面が複雑になることで読み手が誤解しないように、補助投影図や断面図、その他の図示法を駆使することで、投影対象物をわかりやすく表現するためのテクニックを学びました。

よくやる間違い例

◆投影図の悪い例

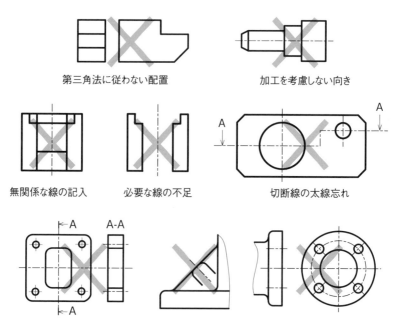

次にやること

◇今まで自分の描いた図面や先輩たちの図面を見直してみましょう。「投影図はもっとわかりやすく表現できないか」という視点で図面を見ると、十分にテクニックを使いきれていないことが発見できると思います。

◇図形の描き方を知りましたので、次に寸法記入の作法を学びましょう。

第3章

寸法って どない入れるねん!

> 寸法線はどうやって描くのが正しいのか、さっぱりわからへん!

(ノ≧o≦)ノ ┤°・∵。

> まず、はじめに寸法線とはどのような要素から成り立っているのか、理解しましょう。あとは、TPOに合わせて、寸法線の入れ方を組み合わせればよいのです…

(*￣∀￣)"b" チッチッチッ

3-1	寸法の構成要素	
3-2	基本形状の寸法記入	
3-3	その他形状の寸法記入	

第3章 1 寸法の構成要素

寸法とは

「二つの形体間の距離またはサイズ形体の大きさ」を表す長さ。寸法には、長さ寸法（大きさを表す寸法）、位置寸法及び角度寸法がある。

投影図として形状は描けても、寸法線がなければその大きさもわからず、加工することもできません。そう、寸法は図面にとって大変重要な要素といえるでしょう。

寸法は主に、次の要素から成り立ちます。
1) 横方向の長さ
2) 縦方向の長さ
3) 任意方向の長さ
4) 角度
5) 円または球の直径
6) 円または球の半径

投影図に寸法を記入する場合は、細い実線で描いた寸法補助線と寸法線を描き、寸法線の上に寸法数値を記入します。寸法記入要素には、次のものがあります（**図3-1**）。

・寸法補助線
・寸法線
・引き出し線
・端末記号（矢、斜線、黒丸）
・寸法数値
・寸法補助記号（ϕ、C、Rなど）

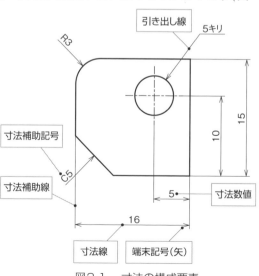

図3-1　寸法の構成要素

3-1-1　寸法補助線、引き出し線、端末記号

　寸法補助線は、寸法線を記入するために図形と寸法線を結ぶ線です。
　一般的に寸法補助線は図形と接して引き出し、寸法線を1～2mm延長したところまで描きます。また、図形と寸法補助線を接せずに少し隙間を空けて引き出すことも、JISでは認められています。
　寸法補助線を引き出して描くと図が紛らわしくなる場合は、寸法補助線を省略することができます（**図3-2**）。

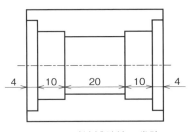

図3-2　寸法補助線の省略

　寸法線が形状を表す実線と重なり、線が明確に表せない場合は、寸法線に対して適当な角度を持つ互いに平行な寸法補助線を用いることができます（**図3-3**）。

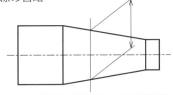

図3-3　斜めに引き出す寸法補助線

　互いに傾斜する2つの面の間に面取りや丸みが形成されている場合は、その2つの線や面の交わる位置を細い実線で結び、その交点から寸法補助線を引き出します（**図3-4 a**）。
　このとき、交点を明瞭に表すためそれぞれの線を交差させる（**図3-4 b**）か交点に黒丸をつけることができます（**図3-4 c**）。

> 鋭角あるいは鈍角部分の面取りは架空の点を寸法補助線で導けばいいんやな。

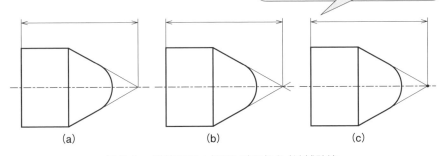

図3-4　形状のない点から引き出す寸法補助線

寸法線の先端は端末を表す矢印や斜線あるいは黒丸をつけなければいけません。特に狭い領域の寸法指示では、矢が重なったり向き合ったりしないように注意が必要です。

　記入する余地がないため、寸法を表示しにくい場合は、引き出し線を用いて寸法線から斜め方向に引き出し、その端に寸法数値を記入します（**図3-5**）。

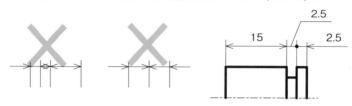

図3-5　端末記号の注意点と引き出し線の使い方

穴などの表示では、引き出し線の端点から水平線を引き出し、その上に寸法数値を記入することもできます（**図3-6**）。

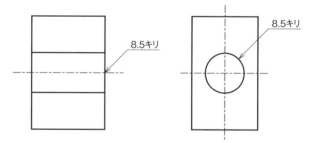

図3-6　引き出し線の使い方

　対称図形で対称中心線の片側だけを表した図では、寸法数値は片側省略前の形状を表す数値を記入します。この場合、寸法線は片側をその中心線を越えて適切な長さに延長し、端末記号（矢）は省略します（**図3-7**）。

　ただし、誤解の恐れがない場合は中心線を越えなくてもかまいません。

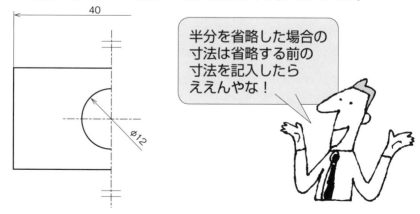

図3-7　片側省略図における寸法数値と端末記号の扱い

3-1-2　寸法補助記号

　寸法補助記号とは、寸法数値に付与して寸法に形状の意味を持たせる記号をいいます。

表3-1　寸法補助記号の種類と呼び方

記号	意味	呼び方
φ	円弧の直径または円の直径	「まる」または「ふぁい」
R	半径	「あーる」
CR	コントロール半径	「しーあーる」
Sφ	球の弧の直径または球の直径	「えすまる」または「えすふぁい」
SR	球の半径	「えすあーる」
C	45°の面取り	「しー」
□	正方形の辺	「かく」
⌒	円弧の長さ	「えんこ」
t	厚さ	「てぃー」
▽	穴深さ	「あなふかさ」
⊔	・(浅い)ざぐり：円形で1mm程度表面を削り取ること ・深ざぐり：円形でねじ頭などを隠すために数mm以上表面を掘り下げること	「ざぐり」
∨	皿ざぐり	「さらざぐり」

3-1-3　寸法数値

　長さ寸法の数値の単位は、ミリメートル(mm)で表し、寸法公差も含めて数値に単位記号はつけません。

　角度寸法の数値の単位は、度(°)で表し、必要に応じて分(')や秒(")を使うこともでき、数値に単位記号をつけなければいけません。

・長さの表示例)　　50　　　50±0.1　　　50±0.02　　　1000　　　1.2
・角度の表示例)　　60°　60°±0.5°　60°±0°30'　　22.1°　　22°6'

　寸法数値は水平方向の寸法線に対しては図面の下辺を下にして、垂直方向の寸法線に対しては図面の右辺を下にして読めるように書きます。斜め方向の寸法についてもこれに準じて書きます（図3-8）。

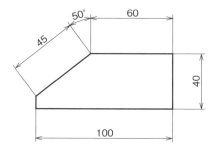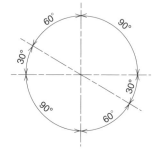

図3-8　寸法数値の配置

CADを使うと自動的に数値を配置してくれるので、気にせんでも大丈夫や！

■D(ーー*)コーヒーブレイク

寸法数字は自然数？

　数学には、自然数（1,2,…）、整数（-1,0,1…）、有理数（1/2、1/3…）、無理数（$\sqrt{2}$、$\sqrt{3}$…）、虚数（$i^2=-1$）がありますが、製図に使うのは自然数だけではありません。整数や有理数も使います。

　　例）20±0.1　（寸法公差の記述）
　　　　G1/8　（管用平行ねじの記述）

| 第3章 | 2 | 基本形状の寸法記入 |

3-2-1　長さの指示

寸法線は指示する長さを測定する方向に平行に引き、線の両端には端末記号をつけます（**図3-9**）。

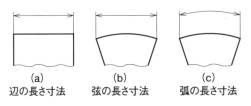

(a) 辺の長さ寸法　　(b) 弦の長さ寸法　　(c) 弧の長さ寸法

図3-9　長さの指示方法

弦と弧の違いを混同しないようにしておきましょう（**図3-10**）。
弓矢を思い出せば、理解しやすいと思います。弓を引く糸は弦と呼びますよね。

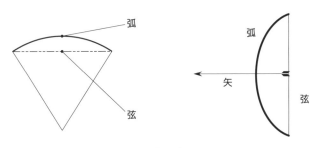

図3-10　弧と弦の違い

3-2-2　角度の指示

　角度を記入する寸法線は、角度を構成する2辺またはその延長線(寸法補助線)の交点を中心として両辺またはその延長線の間に描いた円弧で表します(**図3-11**)。

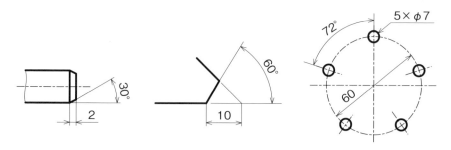

図3-11　角度寸法の指示例

3-2-3　直径の指示

　円形である対象部を側面から見た図や断面で表した場合、円の直径であることを示すために、寸法数値の前に"φ"を記入します(**図3-12**)。

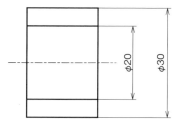

図3-12　円を側面から見た図の直径指示例

　JIS製図の作法として、円を正面から見た図に直径の寸法を指示する場合において、両端に端末記号がつく場合は、直径の寸法数値の前に直径の記号"φ"は記入しません(**図3-13**)。

　しかし、多くの企業で円を正面から見た図には"φ"をつけているのが現状です。

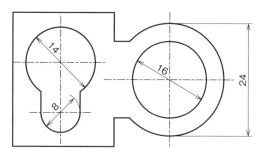

図3-13　円を正面から見た図の直径指示例

☞　円を正面から見て、両側に端末記号のつく寸法はφを省略する

円を正面から見た図であっても引き出し線を用いて寸法を指示した場合は、半径"R"と区別がつかないため"φ"を記入します（**図3-14 a**）。

ただし、円を正面から見た図、あるいは側面図・断面図において円形が表れない図の場合で、直径の寸法数値の後に明らかに円形となる加工方法（キリ、リーマなど）が併記される場合は、直径の寸法数値の前に直径の記号"φ"は記入しません（**図3-14 b**）。

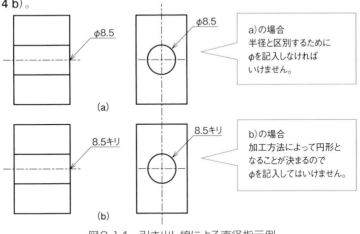

図3-14　引き出し線による直径指示例

3-2-4　穴の指示

1）加工方法による区別

キリ穴、打ち抜き穴、鋳抜きなど加工方法を示す場合は、工具の呼び寸法を示し、その後に加工方法を、簡略指示を用いて記入することができます（**図3-15**）。

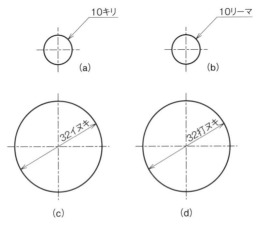

図3-15　加工工程を表す直径指示例

表3-2　加工方法と簡略指示

加工方法	簡略指示
鋳型(いがた)による鋳放し(いばなし)	イヌキ
プレスによる打ち抜き	打ヌキ
ドリルによる穴あけ	キリ
リーマによる穴の仕上げ	リーマ

　イヌキは、鋳型で製作される鋳物部品の穴に適用され、切削加工のような正確な直径の数値や形状を期待できず、一般的にはφ40程度以上の大径に用いられます。
　打ヌキ穴は、プレスを用いてあける穴のことで、薄い板金部品に用いられます。
　キリ穴は、ドリルの刃を使って開ける小径穴に適用します。ボール盤や旋盤、フライス盤などで加工される機械部品の小径穴のほとんどがドリルで開けた穴といえます。
　リーマ穴は、はめあいに使用する寸法や形状精度の高い穴を仕上げる場合に適用します。はめあいは、第4章4-5項を参照してください。

φ(@°▽°@)　メモメモ

　リーマ穴とは、穴の寸法を正確に加工する時、その寸法より少し細いドリルで下穴加工した後、その上からリーマという円筒刃物を通すことで仕上げた穴をいいます。
　寸法精度とともに真円度の高い穴が得られることを特徴としています。
　リーマ加工は、ボール盤、フライス盤、マシニングセンタなど穴開け加工に用いられる機械で使用され、特別な加工機を必要としません。
　リーマ加工による表面仕上げは、算術平均粗さRa1.6以下となります。
　寸法に特に指示がない状態で「10リーマ」と指示した場合、「H7」の寸法公差と解釈されます。

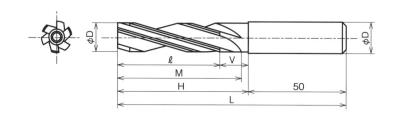

2）一群の同一寸法の穴の寸法表示

　同一寸法の穴や形状が多数整列した状態の寸法を記入する場合、その穴や形状のひとつから引き出し線を引き出し、その総数を表す数字の次に"×"を記入します。穴の場合は"総数×穴の寸法"を記入します。この記入法はねじの場合も同様です（図3-16）。

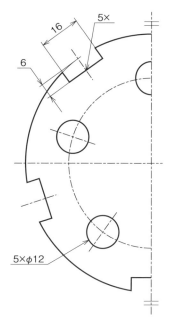

図3-16　一群の同一形状の指示

切り欠きや角穴も総数で表せるんや！

φ(@°▽°@)　メモメモ

穴やねじの総数の表し方が変わっています！

　従来は、"(総数) − (穴やねじの寸法)"と表してきたのですが、ISO129により"(総数) × (穴やねじの寸法)"と定められたため、JIS B 0001が準拠し、変更されています。
　まだ多くの企業で、古い表記を使っているようですので、最新のJISが変更されていることを認識しておきましょう。

例）　8−φ12　　→　　8×φ12
　　　　旧　　　　　　　新

☞ 個数を表す場合は、（総数）×（穴やねじの寸法）

3) 穴の深さの指示

貫通穴の場合は、穴の深さを記入する必要はありませんが、穴を貫通させずに深さの指示をする場合には、次の3つの記入方法があります。
・穴の正面から寸法指示する場合は、引き出し線を用いて直径の数値と深さの数値ではさむように"▽（あなふかさ）"の記号を記入します。(図3-17 a)。
・穴の断面に寸法指示する場合、穴入口の中心点から矢を引き出し、上記と同様に記入します (図3-17 b)。
・穴の断面に寸法指示する場合、直径を表す寸法線と深さを表す寸法線のそれぞれを分けて記入します (図3-17 c)。

穴の深さとは、ドリルの刃先（円錐部の先端）からではなく、直径と同じ胴体部の長さと決められています。

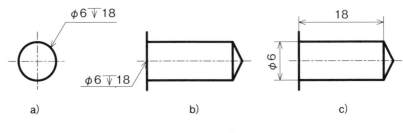

図3-17 穴の深さの指示

φ(@°▽°@)　メモメモ

キリ先形状の知識

標準ドリルの刃先形状は、JISによって118°に規格化されています。切削部品で止まり穴を作図する際には、穴底を118°の円錐形状で描くことが望ましいといえますが、120°で作図しても問題ありません。
また、止まり穴を設計する際に注意しなければいけないのがキリ先による穴の破れです。キリ先の円錐部の出代は約0.3dと覚えておくと残りの肉厚を簡易的に確認するときに便利ですので知っておきましょう。

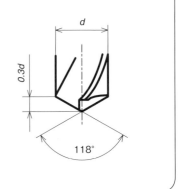

4) ざぐりの指示

　ざぐり加工とは、ボルト頭やナットなどとの接触面を平面にしたり掘り下げたりする加工のことで、鋳物部品の表面の黒皮を取る程度の浅いざぐりから、ボルト頭やナットを埋め込むための深ざぐりがあります。

　ざぐりまたは深ざぐりの記号" ⌴ （ざぐり）"は、穴の直径の後に記入し、ざぐりの直径とその深さを続けて記入します。

・鋳物表面の黒皮（くろかわ：表面のざらざらした面）を1mm程度取る浅いざぐりの場合は、ざぐりを表す外形線を描きません（図3-18 a）。
・ボルト頭を沈める場合など数mm以上の深さを指定したざぐりの場合は、ざぐりを表す外形線を描かなければいけません。このとき、引き出し線の矢は内側の穴を指します（図3-18 b）。

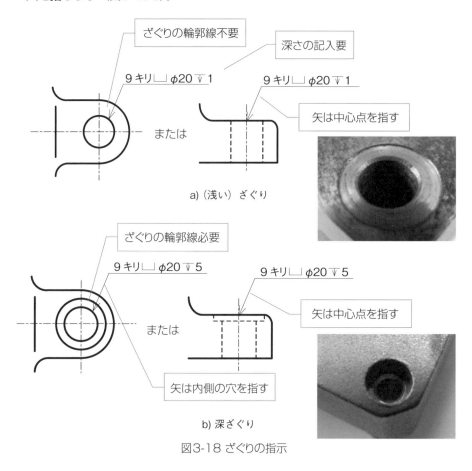

図3-18 ざぐりの指示

5) 傾斜した穴の指示

傾斜した穴の深さは、その中心線の入口からの深さで指示するか、または別の寸法線によって指示します（図3-19）。

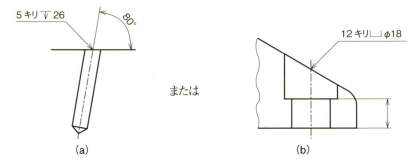

図3-19　傾斜した穴の寸法指示

6) 長円の穴の指示

長円の穴の寸法記入は、その穴の持つ機能を重視した寸法の入れ方や、加工方法を重視した記入方法などがあります（図3-20）。
(a) 機能上、長穴の端から端までの寸法が必要なとき。
(b) 機能上、長穴の直線距離または円弧の中心間距離の寸法が必要なとき。
(c) 加工を優先し、φ8mmのエンドミルなどで加工して欲しいとき。
　半径の大きさが他の寸法から導かれる場合は、半径を示す矢印と寸法数値のない記号（R）によって指示します。

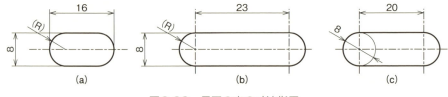

図3-20　長円の穴の寸法指示

長穴の寸法は図3-20 a)で表すことが多いから、「縦・横・カッコR」と覚えよう！

7）組立後に加工する穴の指示

　部品同士を組み合わせた後に、2つの部品もろとも穴加工をしてピンなどを挿入して位置決めさせる場合は、穴の寸法に続けて「合わせ加工」と指示します。(図3-21)。

　この指示をした場合、この部品単品の加工時は直径6mmのリーマ穴は未加工となります。

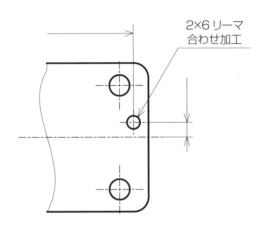

図3-21　組立て後に加工する場合の指示

☞　合わせ加工は、2部品を合わせた状態で加工される

3-2-5　半径の指示

　円弧の半径を示す寸法線は、円弧の側にだけ矢印をつけ、中心側には何もつけず、寸法数値の前に半径の記号"R"を記入します（**図3-22**）。

　ただし、半径を示す寸法線を円弧の中心まで引く場合は、半径の記号"R"を省略してもかまいません。しかし、一般的に省略して書くことは、直径と誤解される恐れがあるため"R"を記入した方がよいでしょう。

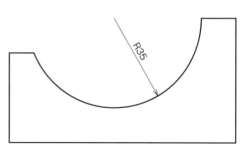

図3-22　半径の指示例(1)

　矢印や寸法数値を記入する余地がない場合は、次に示す記入法も使用することができます（**図3-23**）。

図3-23　記入する余地がない場合の半径の指示例

φ(@°▽°@)　メモメモ

寸法記入における直径指示と半径指示の使い分け

　円弧図形の寸法指示において、180°以下は半径で指示し、180°を超える場合は直径で指示します。ただし、機能上あるいは加工上、直径の寸法を必要とする場合はこの限りではありません。

　対称図形の省略により、図面が半分しかなくても実形が180°を超える場合は直径で表します。

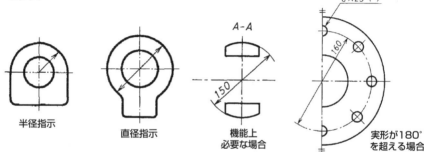

半径を指示するために円弧の中心位置を示す必要がある場合は、その中心を十字または黒丸で示します。
　また、円弧の半径が大きいため、その中心位置が紙面からはみ出す場合には、紙面を有効利用するために中心位置を架空の位置に置き、その半径の寸法線を折り曲げてもかまいません。この場合、寸法線の矢印がついた部分は、正しい中心方向に向いていなければいけません。また、架空の中心位置は寸法線によって本来あるべき位置の寸法数値を書きます（**図3-24**）。

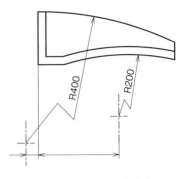

図3-24　半径の指示例（2）

　実形を示していない投影図に実際の半径を指示する場合、寸法数値の前に"実R"の記号を記入します（**図3-25 a**）。
　また、折り曲げ前の展開した状態の半径を指示する場合は、寸法数値の前に"展開R"の記号を記入します（**図3-25 b**）。
　この手法を用いれば、補助投影図を用いなくても形状を表すことができ、紙面の節約、製図工数の短縮を図ることができます。

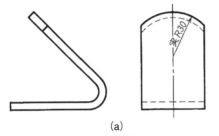
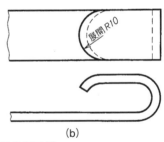

図3-25　実形を示さない投影面の半径の指示例

3-2-6　球の直径、半径の指示

　球の直径または半径の寸法を示す寸法線は、寸法数値の前に球の直径の記号"Sφ"または球の半径の記号"SR"を記入します（**図3-26**）。

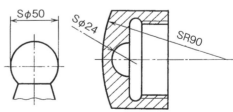

図3-26　球の直径、半径の指示例

☞　機能上を除いて、180°以下はR、180°を超えるならφ

3-2-7　正方形の指示

　正方形である対象部を側面から見た図や断面で表した場合、その形を図に表さないで、辺の長さを表す寸法数値の前に"□"を記入します（**図3-27 a**）。

　しかし、正方形を正面から見た投影図では、"□"をつけずに、両辺の寸法を記入しなければいけません（**図3-27 b、c**）。

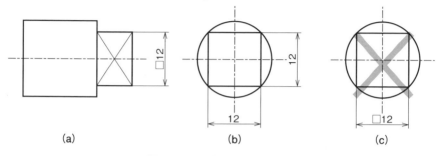

図3-27　正方形の指示例

3-2-8　面取りの指示

　面取りには、エッジを無くして安全性を確保や、傷防止目的の45°面取り（**図3-28**）と、次ページに示す、はめ合わせ部分の挿入性目的のテーパ面取りなど（**図3-29 a**）があります。

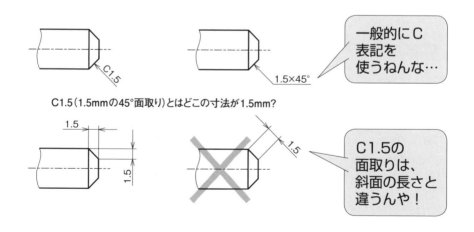

図3-28　45°面取りの指示例

面取り寸法の指示で注意しなければいけないのが、円筒物における寸法の重複です。

例えば、**図3-29 a**において、30°の寸法を同じ投影図の上側にも記入した場合、重複になります。なぜなら、この対象物は円筒軸ですので、1ヵ所に指示するだけで全周を指示することになるからです。

それでは、**図3-29 b、c**はどうでしょうか？

(b)では、右側の端面の指示としては正しいのですが、左側は面取りの指示がありません。この場合は関連する外形あるいは関連する穴の面取りであるという理由から、左側の寸法を省略できるのです。

(c)では、右上にC5の指示があるだけで、残りの3隅の指示がありませんね。これは、寸法記入漏れではなく、関連する外形形状であるために他の面取りの寸法記入を省略しているのです。

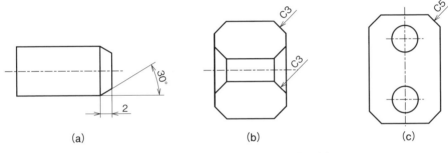

図3-29　テーパなどの面取り等の指示例

板材や途中で形体が分離していても機能上同一と思われる形状（例えば、取付用の足など）の四隅の角や隅の寸法指示は、製図時間の短縮化のために省略したほうがよいといえます（**図3-30**）。

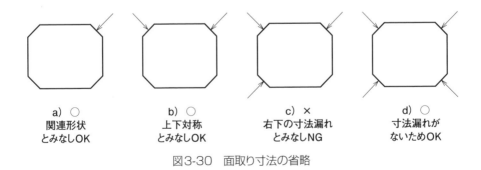

図3-30　面取り寸法の省略

第3章 3 その他形状の寸法記入

3-3-1 同一寸法の指示

ひとつの部品に、全く同一寸法の形体が2つ以上ある場合は、寸法をそのうちのひとつにまとめて記入します（図3-31）。

このとき、寸法を記入した方に代表の記号（例えば、フランジAなど）を指示し、寸法を記入しない方には、その記号の指す部分と同一寸法であることの注意書きをしなければいけません。

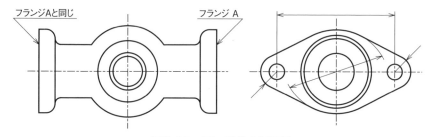

図3-31　同一部分の指示例

この手法は、T型軸継手や弁箱、コックなどのフランジ部によく用いられます。記入例として、次のようなものがあります。

例）面Aと同じ
　　フランジAと同じ
　　面Aとねじ部のみ同じ

> この面のネジ位置やフランジの内外形が同じやったら、省略できるんや！

3-3-2　キー溝の指示

軸のキー溝の指示は次の3つの方法があります。
- キー溝の幅、深さ、長さ、位置や端部を示す方法（図3-32 a）
- キー溝の端部をキー溝カッターなどで切り上げる方法（図3-32 b）
- キー溝の中心面上における軸径面からキー溝の底までを表す方法（図3-32c）

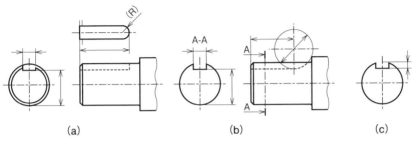

図3-32　軸のキー溝の指示例

穴のキー溝の指示は次の3つの方法があります。
- キー溝の幅、深さ、長さを示す方法（図3-33 a）
- キー溝の中心面上における穴径面からキー溝の底までを表す方法（図3-33 b）
- こう配用のキー溝はキー溝の深い方で表す方法（図3-33 c）

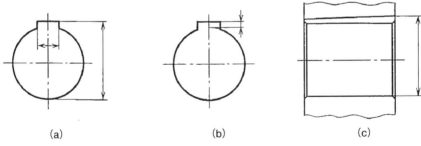

図3-33　穴のキー溝の指示例

3-3-3　テーパ・こう配(こうばい)の指示

　部品の片面だけが傾斜しているものをこう配といい、相対する両側面が対称的に傾斜しているものをテーパと呼びます。対象物が円すい面の場合、この度合いを角度で表したものをテーパ角度、比率で表したものをテーパ比といい、製図ではテーパ比を用いることができます。

　例えば、1/5のようなテーパ比は、$(D\text{-}d)/L$で与えられますので、5mmの長さで直径が1mm変化すると覚えればよいのです（D＝大径、d＝小径、L＝対象長さ）。

　このテーパ比は、傾斜面から引き出し線により導き、テーパを持つ投影対象物の中心線と平行に参照線を用いて表します（図3-34 a）。

　テーパの向きを明らかに表したい場合には、テーパの向きを示す図記号をテーパの方向に合わせて描きます（図3-34 b）。

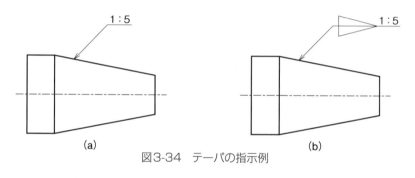

図3-34　テーパの指示例

　こう配は、傾斜面から引き出し線により導き、こう配を持つ投影対象物の中心線と平行に参照線を用いて表します（図3-35 a）。

　こう配の向きを明らかに表したい場合には、こう配の向きを示す図記号をこう配の方向に合わせて描きます（図3-35 b）。

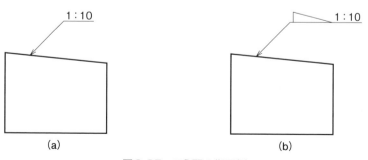

図3-35　こう配の指示例

👉 テーパやこう配の図示記号は傾きに合わせる

3-3-4　曲線の指示

曲線の表し方は次の2つの方法によります。
- 円弧で構成する曲線の寸法は、一般的にこれらの円弧の半径とその中心又は円弧の接線の位置で表します（図3-36）。

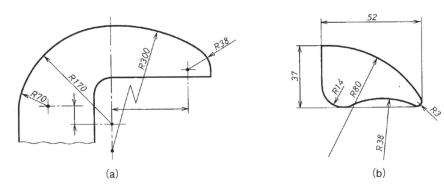

図3-36　円弧曲線の指示例

- 円弧で構成されない曲線の寸法は、曲線上の任意の点で区分し、区分点ごとに寸法で表します。この方法は円弧で構成する曲線の場合にも用いることができます（図3-37）。

　このような自由曲線の場合、3Dモデルから製作される場合が多いため、寸法を省略し、「形状は3Dモデルデータによること」と示すこともできます。

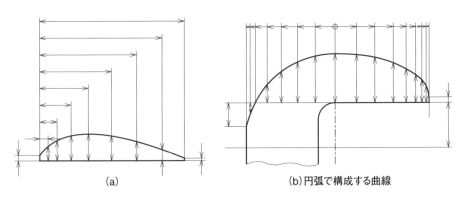

図3-37　円弧ではない曲線の指示例

3-3-5　薄肉部の指示

　薄肉部の断面を極太線で描いた図形に寸法を記入する場合は、断面を表した極太線に沿って、短い細線を描き、これに寸法線の端末記号を当てて指示します。

　この場合、薄肉の内側か外側の寸法かは、細線のある側によって判断できるようにします（**図3-38**）。

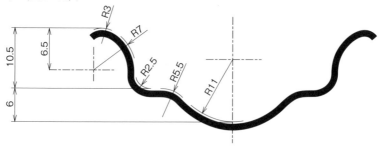

図3-38　薄肉部の指示例

　JISでは、薄板を1本の極太線で断面を表してもよいとしています。

　この場合、寸法線が薄肉部の内側を指しているのか、外側を指しているのか判断できない場合があります。

　ISO6414では、これが規定されています。

※ISO6414では、次のように規定されています。＜参考＞

- 容器状の対象物で、極太線に直接端末記号を当てた場合は、その外側までの寸法とする。
- 誤解の恐れがある場合は、矢印の先を明確に示す。
- 内側を示す寸法には、寸法数値の前に"int"を付記する。

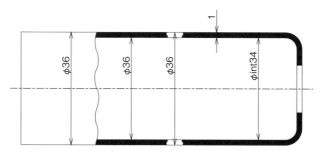

| 3-3-6 | 加工・処理範囲の指示 |

　加工・処理範囲を指示する場合は、特殊な加工を示す太い一点鎖線を用いて位置及び範囲を示し、それを寸法線で記入します（**図3-39**）。

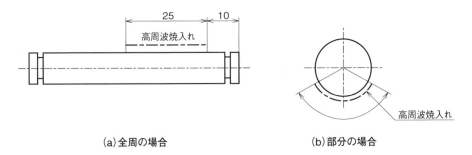

(a) 全周の場合　　　　　　　　(b) 部分の場合

図3-39　加工・処理範囲の指示例

φ(@°▽°@)　メモメモ

高周波焼入れ（induction hardening）
　鋼材の表面に沿わせたコイルに高周波電流を流して鋼材表面に誘導電流を発生させ、この抵抗熱で表面付近を急速に熱し焼入れする方法です。
　比較的自動化しやすい電気制御のため、要求仕様にあった硬化特性が得られ、局部のみの焼入れもできるため、自由度が大きいことが特徴です。

複合熱処理
　より高い性能を求めるため、単一の熱処理ではなく、高周波焼入れと組み合わせた複合熱処理があります。これは、各々の特徴や利点を生かし、欠点を補い合うことで優れた性能を得るもので、以下のようなものがあります。

1) 浸炭 ＋ 高周波焼入れ
2) 窒化 ＋ 高周波焼入れ
3) 軟窒化 ＋ 高周波焼入れ
4) 高周波焼入れ ＋ 低温浸硫

第3章のまとめ

第3章でやったこと
　寸法線の描き方から始まり、寸法補助記号の正しい使い方、形状別に独立したモジュールへの寸法記入を学びました。

よくやる間違い例

◆直径と半径の使い分けが悪い例

　　180°以下なので半径指示にする　　　180°超なので直径指示にする

◆必要な（R）（SR）を忘れた悪い例

 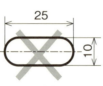 

　　（R）漏れ　　　　　　（R）漏れ　　　　　　（SR）漏れ

◆ざぐりの投影図表記、指示線の悪い例（実形記入や矢の位置）

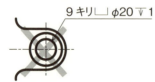 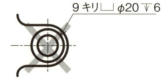

　浅いざぐりの径は描かない　　　引出線の矢は内側の穴を指す

次にやること
◇独立した寸法モジュールを組み合わせて、漏れがないように寸法を記入することが大切です。
◇寸法のレイアウト一つで読みやすい図面か、そうでない図面かがわかります。誤解を与えない図面こそ、信頼性の高いモノづくりにつながるので、次にそのテクニックを学びましょう。

第4章

寸法配列と寸法公差って何の関係があるねん!

寸法基本要素はわかったけど、寸法公差の考え方がよくわからへん!

(ノ≧o≦)ノ┤゜・∴。

寸法だけでは、部品を組み立てたり、性能を充分に発揮できません。
さあ、寸法にも魂を入れてみましょう…

(*￣∀￣)"b" チッチッチッ

4-1	寸法記入法
4-2	普通寸法公差
4-3	寸法の配列
4-4	寸法公差
4-5	はめあい
4-6	寸法公差値の決め方と解析
4-7	表面性状(表面粗さ)

| 第4章 | 1 | # 寸法記入法 |

投影対象物の大きさを表すために、次の4つの寸法記入法があります。

①直列（ちょくれつ）寸法記入法
　数値が記入されている個々の寸法のばらつきは小さくなりますが、複数の寸法を足し算で導かれる寸法はばらつきが累積するという特徴を持ちます(**図4-1 a**)。

②並列（へいれつ）寸法記入法
　数値が記入されている個々の寸法のばらつきは小さくなりますが、複数の寸法から引き算で導かれる寸法はばらつきが累積するという特徴を持ちます(**図4-1 b**)。

③累進（るいしん）寸法記入法
　並列寸法記入法の寸法線の占有部を省スペース化したものが累進寸法記入法です。この記入法を用いる場合は、起点記号(白丸記号)から寸法線を引きだし、他端を矢印で示さなければいけません(**図4-1 c**)。

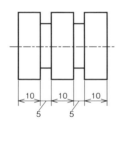
(a)直列寸法記入法

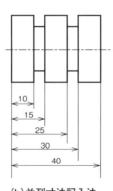
(b)並列寸法記入法

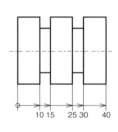
(c)累進寸法記入法

図4-1　寸法記入法の種類(1)

どの寸法記入法を使うんがベストなんやろ？

答えは、設計意図に合わせて直列と並列を併用するちゅーことや！

④座標(ざひょう)寸法記入法

多数の穴やねじなどを寸法線で示した場合、寸法線が重なり見難くなる場合は、表を用いて座標数値を記入することができます。この場合、X座標とY座標の原点(0,0)を決め、同じ図面内に形状ごとの座標位置を一覧表にして表します(**図4-2**)。

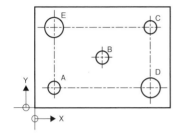

	X	Y	φ
A	20	20	16
B	70	50	16
C	120	80	16
D	120	20	20
E	20	80	20

図4-2　寸法記入法の種類(2)

　上記の4つの寸法記入法のどれを選択しても、製図のルールとして誤りではありません。
　加工者や検査者は何の疑問もなく作業し、図面どおりの部品が手元に届くでしょう。

　それでは図面を作成する場合に、描きやすい寸法記入法やその日の気分で記入法を変えてもよいといえるのでしょうか?

　いいえ、そうではありません!
　寸法配列の違いによって、できあがった部品の寸法のばらつき方が微妙に異なるのです。
　設計意図を表すためには正しい寸法配列が必要です。
　そして、これができなければ寸法公差を使う意味がなくなるのです!

第4章　2　普通寸法公差

> **普通寸法公差（JIS B 0405）**
>
> 　すべての構成部品の形体は、常に寸法及び幾何形状を持っている。寸法の偏差及び幾何特性（形状、姿勢及び位置）の偏差がある限界を超えると、部品の性能を損なうので、それらの偏差の制限を必要とする。
> 　図面上の公差表示は、すべての形体の寸法と幾何特性の要素を確実に規制するために完全でなければならない。すなわち、工場又は検査部門において、採否判定が暗黙の了解のもとに任されることがないようにしなければならない。

　図面に寸法数値を記入しても、**実際に加工した場合は寸法数値と全く同じ寸法に仕上げることはできません。あくまでも加工の目標値なのです。**そこで、寸法に応じて実際の寸法として許される最大値と最小値が決められており、その差を寸法公差といいます。図面に寸法公差の表示がない場合の寸法公差を普通寸法公差と呼びます。

　つまり、寸法に何の表示もない場合、通常は基準寸法を中心としてプラス側とマイナス側に同じだけのばらつきを許し、許される範囲内でプラス側に作ってもマイナス側に作っても構わないという決めごとなのです。

　削り加工の普通寸法公差には、精級（f）、中級（m）、粗級（c）、極粗級（v）の4段階の公差等級があり、長さ寸法、面取り長さ寸法、基準寸法に対するそれぞれの許容差が定められています（表4-1〜表4-3）。

> 設計者にとって寸法数値を記入するってことは、その寸法を狙って欲しいという意思表示なんや！

> 加工者にとって寸法数値とは、加工する際にその数値を目標値とすることなんや！

一般的によく使う切削加工の普通寸法公差を下表に示します。

表4-1　面取りを除く長さ寸法の普通寸法公差

公差等級	基準寸法の区分							
説明	0.5以上 3以下	3を超え 6以下	6を超え 30以下	30を超え 120以下	120を超え 400以下	400を超え 1000以下	1000を超え 2000以下	2000を超え 4000以下
	寸法公差							
精級	±0.05	±0.05	±0.1	±0.15	±0.2	±0.3	±0.5	—
中級	±0.1	±0.1	±0.2	±0.3	±0.5	±0.8	±1.2	±2
粗級	±0.2	±0.3	±0.5	±0.8	±1.2	±2	±3	±4
極粗級	—	±0.5	±1	±1.5	±2.5	±4	±6	±8

注）0.5mm未満の基準寸法に対しては、その基準寸法に続けて寸法公差を個々に指示する。

表4-2　面取り長さの普通寸法公差

公差等級	基準寸法の区分		
説明	0.5以上 3以下	3より上 6以下	6より上
	寸法公差		
精級	±0.2	±0.5	±1
中級			
粗級	±0.4	±1	±2
極粗級			

表4-3　角度寸法の普通寸法公差

公差等級	対象とする角度の短い方の辺の長さの区分				
説明	10以下	10より上 50以下	50より上 120以下	120より上 400以下	400より上
	寸法公差				
精級	±1°	±30′	±20′	±10′	±5′
中級					
粗級	±1°30′	±1°	±30′	±15′	±10′
極粗級	±3°	±2°	±1°	±30′	±20′

表の読み方を下記に説明します。例えば公差等級が中級で寸法数値が「100」の場合、普通寸法公差は「±0.3mm」とわかります。

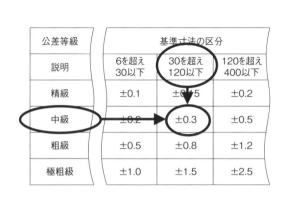
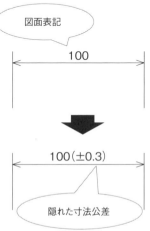

図4-3　普通寸法公差の表の読み方

第4章　寸法配列と寸法公差って何の関係があるねん！

第4章 3 寸法の配列

4-3-1 寸法配列の違いによるばらつき

普通寸法公差の公差等級を選定する場合は、個々の工場で通常得られる加工精度を考慮しなければいけません。

企業においては、加工標準として普通寸法公差を図枠内に表示（第1章 図1-4 表題欄例 参照）するか、技術標準として別資料にて管理していますので、ご自身で確認してみてください。

それでは、普通寸法公差がもたらす寸法のばらつきを検証してみましょう。

公差等級が中級の工場で、図4-1の（a）直列寸法記入法と（b）並列寸法記入法で示した寸法記入法によって部品を作るとします。

表4-1より、6mm以下の寸法は±0.1mm、6mmを超え30mm以下の寸法は±0.2mm、30mmを超える寸法は±0.3mmのばらつきが許されます（図4-4）。

この2種類の製作された部品の寸法がどのように違ってくるのでしょうか。

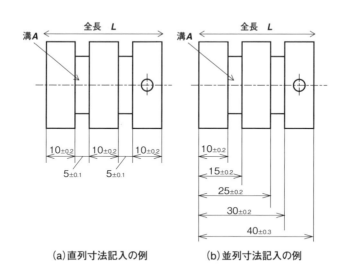

(a) 直列寸法記入の例　　(b) 並列寸法記入の例

図4-4 普通寸法公差を記入した例

一例として、全長$L=40$mmと溝部の幅$A=5$mmの2つの視点に着目して、加工後の部品寸法を検証してみましょう。

i) 全長長さ　L

　直列寸法記入法では、寸法公差を含んだ寸法線が直列に並んでいるため、寸法が並べば並ぶほど寸法公差が累積します。従って、直列寸法記入法で加工された投影対象物は全長 $L = 40 \pm 0.8$ mm の範囲内にできあがります。
　ところが、並列寸法記入法では、寸法線が直接全長 L を指示していますので、並列寸法記入法で加工された投影対象物は全長 $L = 40 \pm 0.3$ mm の範囲内にできあがります。

(a) 直列寸法記入法：全長 $L = 39.2 \sim 40.8$ mm
(b) 並列寸法記入法：全長 $L = 39.7 \sim 40.3$ mm

　従って、寸法記入法の選択次第で、全長Lは最大長さと最小長さ共に 0.5mm の寸法差が出てしまうのです。

この場合、精度では並列寸法記入法の勝ち！

ii) 溝部の幅　A

　直列寸法記入法では、寸法線が直接溝部の幅Aを指示していますので、直列寸法記入法で加工された投影対象物の溝部は幅 $A = 5 \pm 0.1$ mm の範囲内にできあがります。
　しかし、並列寸法記入法では、寸法公差を含んだ隣接する寸法線から引算によって導かなければ寸法数値がわかりません。それを計算してみると、並列寸法記入法で加工された投影対象物の溝部は幅 $A = 5 \pm 0.4$ mm の範囲内にできあがります。

(a) 直列寸法記入法：
　　溝部の幅 $A = 4.9 \sim 5.1$ mm
(b) 並列寸法記入法：
　　溝部の幅 $A = 4.6 \sim 5.4$ mm

　従って、寸法記入法の選択次第で、溝部の幅 A は最大長さと最小長さ共に 0.3mm の寸法差が出てしまうのです。

この場合、精度では直列寸法記入法の勝ち！

　以上の2例からわかるように、設計された部品がどのような機能を持ち、どこの寸法精度が必要かを理解し、最適な寸法配列を選択しなければいけないのです。
　これが、設計者の意思を図面に反映させるということなのです。

第4章　寸法配列と寸法公差って何の関係があるねん！

図4-4で全長Lと溝部Aの両方の寸法精度が欲しい場合は、次のように指示してもよいのでしょうか？（**図4-5**）

残念ながら、設計者としてあれもこれもと望むのは都合がよすぎます。

図4-5のように全長は40mmのマイナス公差を狙っているのに、全ての幅の公差を足していくと、つじつまが合いません。

製図の世界でも、理屈が合わなければ、図面として正しいとはいえませんし、寸法の重複にもなるので、明らかに誤った図面であるといえます。

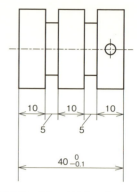

図4-5　悪い寸法公差指示例

この場合は、どの寸法をばらつかせてもよいかを検討し、本当に必要でない寸法を記入しないか、あるいは参照寸法として括弧をつけた寸法で指示する必要があります（**図4-6**）。

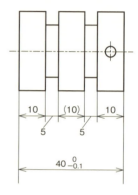

図4-6　参考寸法を使った例

そうか！寸法線の重複が許されないのは、ばらつきのつじつまが合わなくなるからなんや！

☞　寸法は必ず公差の累積を吸収する"逃がし"を設ける

4-3-2　機能寸法を見分ける

　機械部品を大量に製作すると、部品のばらつきで、
「部品同士が干渉する」
「機能が出ない」
という不具合が日常茶飯事のように発生します。
　少しでも品質を安定させるためには、図面を作成する際に少し気を使うだけで対策できることも多くあります。
　寸法線一つひとつが意味を持っていることを充分肝に銘じておいてください。

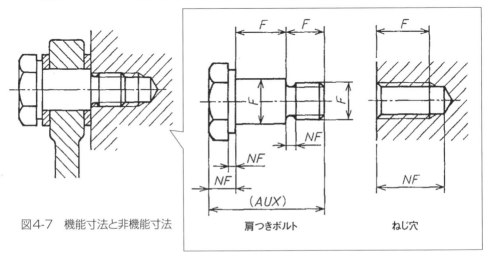

図4-7　機能寸法と非機能寸法　　肩つきボルト　　ねじ穴

　機能上、重要な寸法がどれなのかを意思表示するために、寸法の配列で表現します（図4-7）。

　F ＝機能寸法　　NF ＝非機能寸法　　AUX ＝参考寸法

部品の機能を充分理解して寸法を記入せな、後で不具合がでるんや！

☞　機能寸法が、寸法公差を付与する候補となる

4-3-3　対称形状であることを示す中心振り分け寸法

機械部品を設計する場合、組立ての容易性や組立てミスを防止するために、左右対称、あるいは上下対称で形状を設計することがよくあります。

このような部品の場合、JISに明確な規定はないのですが、対称であることを表現するために中心振り分け寸法を使うのが一般的です（図4-8）。

なぜなら、下図左側の寸法指示を見ると水平方向は右側面から寸法が始まり、垂直方向は上面から寸法が始まっているので、それらの2面が基準と思われてしまいます。

上下左右対称部品なので組む方向によっては、製品ごとに基準面が様々な方向を向くことになり、設計意図として矛盾が発生します。

どの方向に取り付けてもよいという設計意図を表すのであれば、中心基準で寸法を入れるべきです。そのために中央に位置する部分の中心線を外郭形状の外側まで延ばしたり追加したりして、あえて端面からの距離を省略することで、中心基準であることを訴えるのです。

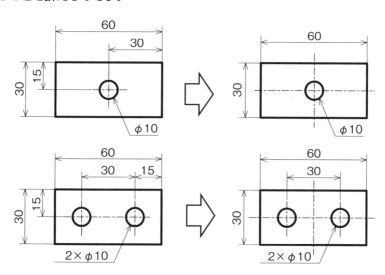

図4-8　片側基準寸法と中心振り分け寸法

中心振り分け寸法でもばらつきは発生するけど、第6章の表6-4の普通幾何公差の対称度を適用するんや！

| 第4章 | 4 | 寸法公差 |

> **公差　JIS B 0401**
> 　部品の機能を果すためには、その寸法が二つの許容限界、すなわち、ある公差内に有るように、製造において許される寸法の変動量で与えられた加工物を製造すれば充分であることが認識された。
> 　同様に、特別のはめあいの状態が二つのはまりあう加工物の間に要求される場合には、必要なすきま又はしめしろをもたらすために、基準寸法に対して正又は負のどちらかの許容差、すなわち"寸法差"をもたせることが必要である。

　前項で述べた普通寸法公差は、寸法に表さなくても、ある限られた公差内に加工しなければいけない暗黙の了解の下に存在する基準でした。

　しかし普通寸法公差のばらつきでは機能がでない、あるいは組み立てを保証できないなど不具合を避けられない場合は、普通寸法公差よりもさらに厳しい公差を寸法に続けて記入します。

　つまり、普通寸法公差範囲よりも高い精度を指示するために寸法公差があるのです。

　公差はひたすら基準寸法に近ければよい場合と、そうでない場合もあります。

　設計の意図として、プラス目に仕上げて欲しい場合や、マイナス目に仕上げて欲しい場合もあるのです。

　この場合に、寸法公差という数値で設計意図を積極的に表さなければいけないのです。

　部品を製作する際に、寸法数値どおりに寸分たがわず（プラスマイナス－ゼロ）に加工ができれば、寸法記入法の違いなんて気にする必要はないのです。

　しかし、モノを加工するには必ず加工ばらつきを許容しなければいけません。

第4章　寸法配列と寸法公差って何の関係があるねん！

プラスマイナス−ゼロに加工をすることは、できないことはありませんが、量産性を考えると、加工の歩留まり（生産されたすべての製品に対する、不良品でない製品の割合）が悪くなり不良品の廃棄や加工者の作業時間増加によって、その部品の単価が著しく上がります。そこで、"ある一定の範囲で寸法がばらついてもいいよ"というのが寸法公差と呼ばれるものです。
　この公差が大きければ大きいほど、歩留まりがよくなり、加工工数も削減できるのでコストが下がるのです。

　公差を設定する場合、サイズが大きくなるにつれて、仕上げ精度が低下するので、公差を大きめに設定する必要があります。

　寸法公差とは、最大許容寸法と最小許容寸法の差をいい、次のような場合に用います。
- 目標とする基準寸法に対して、ばらつきを最小限におさえたい場合に必要最小限の許容される範囲指示する場合。
- 目標とする基準寸法に対して、機能上あるいは組み立て上から一方向（プラス側かマイナス側）に意図的に偏るようにしたい場合。

寸法公差って、設計意図に対して、加工のばらつきを許容するってことなんや

4-4-1　長さの寸法公差の指示

　長さの寸法公差の記入は、数値によって表す方法が一般的です。

　公差が基準寸法に対して均等な場合は、寸法数値の後ろに「±」の記号とともに数値を記入し、基準寸法に対して不均等の場合は、寸法数値の後ろに公差を2段に重ね、上段に「上の寸法許容差」を下段に「下の寸法許容差」を記入します。

　寸法公差の文字の大きさは、特に規定がありません。また、公差がゼロから始まる場合、ゼロには＋や－の符号をつけてはいけません（図4-9）。

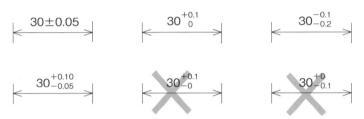

図4-9　長さ寸法公差の指示例

4-4-2　角度の寸法公差の指示

　角度の寸法公差の記入は、長さの寸法公差と同じと考えて結構です。ただし、長さ寸法と違って角度の単位記号（°）を必ずつけなければいけません（図4-10）。

　角度の単位に「分（'）」を使用する場合は、度の単位を書いた後に記入します。これは、野球の打率でいう「3割0分5厘」と同じような使い方なのです。

図4-10　角度寸法公差の指示

ϕ(＠°▽°＠)　メモメモ

角度の単位"分（ふん）"

角度の公差を指示する場合、度（°）のほかに分（´）を使うことができます。単位の分は、時計と同じで1度を60分と解釈します。
　例）　30°±0.5°　＝　30°±0°30´
　　　　30°±0.1°　＝　30°±0°6´
　　　　30°±0.25°　＝　30°±0°15´

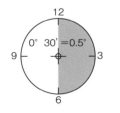

φ(@°▽°@) メモメモ

測定性能の考え方（精度・確度・分解能）

測定器を使用する場合、次の用語の意味と違いを知る必要があります。
◇精度（せいど）・・・計測しなおす度に同じ結果が出る度合い
　例）長さを測定したとき、毎回±0.01の範囲に収まる⇒「±0.01の精度がある」
◇確度（かくど）・・・真の値からどれだけ離れているかの度合い
　例）真の値に対して、必ず0.05mmずれて表示される⇒「0.05mmの確度である」
◇分解能（ぶんかいのう）・・・どれだけの値を読み取ることができるかの最小単位
　例）一般的なノギスの最小読み取り値は0.05mm⇒「分解能は0.05mmである」

寸法を測定する場合は、一般的に分解能の5倍～10倍の数値を測ると測定の信頼性が上がるといわれています。

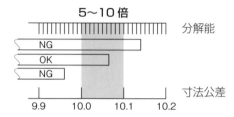

例えば、寸法ばらつきの許容範囲が10.0～10.1（寸法公差0.1）の長さを測定する場合、測定に必要な分解能は0.01～0.02mmです。したがって、分解能0.02以下のノギスやマイクロメータを使用するとよいでしょう。

ノギス	マイクロメータ

分解能（最小読み取り値） **0.01～0.05mm** 目視で読み取るノギスの分解能は0.05mmが一般的です。ダイヤルの付いたものや数値をデジタル表示するノギスの分解能は0.01mmのものがあります。	**分解能（最小読み取り値）** **0.0001～0.01mm** 目視で読み取るマイクロメータの分解能は0.01mmです。数値をデジタル表示するマイクロメータの分解能は0.0001（0.1μm）～0.001mm（1μm）のものがあります。

第4章	5	**はめあい**

4-5-1	はめあいの種類

　機械を設計する上で、穴と軸を挿入し、位置決めや摺動、固定などに用いることは設計の基本といえるほどよく使用されます。

　〝はめあい〟とは、組み立てる穴と軸の組み合わせる前の寸法の差をいいます。

　はめあいには、穴と軸の寸法差の関係によって、次の3つの種類があります（図4-11）。

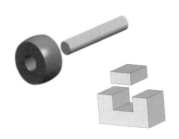

・**すきまばめ**
　穴と軸を組み立てたときに、常にゼロ以上の隙間ができるはめあいをいいます。
・**しまりばめ**
　穴と軸を組み立てたときに、常にゼロ以上のしめしろができるはめあいをいいます。
・**中間ばめ**
　組み立てた穴と軸の間に、実寸法のばらつき具合に依存して隙間またはしめしろのどちらかができるはめあいをいいます。

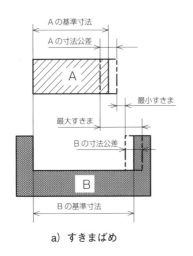

　　　a）すきまばめ　　　　　　　　b）しまりばめ

図4-11　はめあいと用語

4-5-2　公差域クラスの記号の意味

公差域クラスの記号の指示は、基準寸法の右側にアルファベットと等級を表す数値を並べて記入します。これは、世界共通の記号として活用されています。

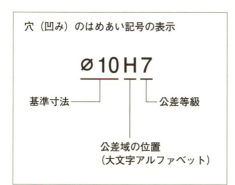

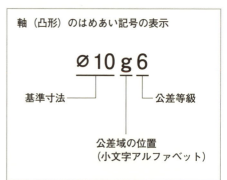

公差等級の数値は、IT公差と呼ばれる世界標準の数値を用いており、公差値の幅（レンジ）を意味し、寸法精度とコストを決定付ける要素になります。等級の数値が小さくなるほど公差幅は小さくなり、必然的にコストも高くなる傾向になります（図4-12）。

アルファベットは、基準寸法に対して公差領域をプラス側あるいはマイナス側に配置するのかを意味し、穴と軸の関係に隙間を設けたり、干渉させて圧入したりと、はめあいの種類を決めるのに用います。なお、大文字と小文字では、プラスマイナスの特性が変わることが特徴です（図4-13）。

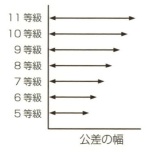

図4-12　公差等級のイメージ

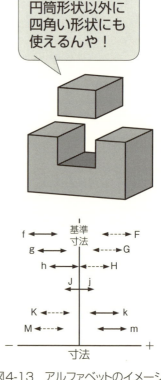

図4-13　アルファベットのイメージ

4-5-3　常用するはめあい

はめあいの基準方式には、穴基準方式と軸基準方式の2つの種類があります。

●穴基準方式

種々の公差域クラスの軸と、一つの公差域クラスの穴を組合せることによって、必要な隙間又は、しめしろを与えるはめあい方式のことをいいます。

穴の下の寸法許容差が零である（穴の最小許容寸法が基準寸法に等しい値）はめあい方式です。

H穴を基準穴として、これに適切な軸を選んで、必要なしめしろや隙間を与えるはめあいを常用する穴基準はめあい（H穴基準）と呼びます（**表4-4**）。

●軸基準方式

種々の公差域クラスの穴と、一つの公差域クラスの軸を組合せる事によって、必要な隙間、または、しめしろを与えるはめあい方式のことをいいます。

軸の上の寸法許容差が零である（軸の最大許容寸法が基準寸法に等しい値）はめあい方式です。

h軸を基準軸として、これに適切な穴を選んで、必要なしめしろや隙間を与えるはめあいを常用する軸基準はめあい（h軸基準）と呼びます（**表4-5**）。

はめあいの基準を選定する場合、軸を加工する方が、穴を加工するのに比べて精度よく加工しやすいので、公差をフレキシブルに設定できます。したがって、特別な理由がない場合は穴基準方式を採用するのが一般的です。

表4-4 常用する穴基準はめあい

基準穴	軸の公差域クラス																	
	すきまばめ							中間ばめ			しまりばめ						
H6						g5	h5	js5	k5	m5							
					f6	g6	h6	js6	k6	m6	n6 (*1)	p6 (*1)					
H7					f6		h6	js6	k6	m6	n6	p6 (*1)	r6 (*1)	s6	t6	u6	x6
				e7	f7		h7	js7									
H8					f7		h7										
				e8	f8		h8										
			d9	e9													
H9			d8	e8			h8										
		c9	d9	e9			h9										
H10	b9	c9	d9														

注(*1) これらのはめあいは、寸法の区分によっては例外を生じます。

表4-5 常用する軸基準はめあい

基準軸	穴の公差域クラス																	
	すきまばめ							中間ばめ			しまりばめ						
h5							H6	JS6	K6	M6	N6 (*2)	P6					
h6					F6	G6	H6	JS6	K6	M6	N6	P6 (*2)					
					F7	G7	H7	JS7	K7	M7	N7	P7 (*2)	R7	S7	T7	U7	X7
h7				E7	F7		H7										
					F8		H8										
h8			D8	E8	F8		H8										
			D9	E9			H9										
h9			D8	E8			H8										
		C9	D9	E9			H9										
	B10	C10	D10														

注(*2) これらのはめあいは、寸法の区分によっては例外を生じます。

公差域クラスの記号が意味する寸法公差は下記を参考にしてください。
・常用するはめあいで用いる穴の寸法公差（**表4-6**）
・常用するはめあいで用いる軸の寸法公差（**表4-7**）

φ(@°▽°@)　メモメモ

検査に使用するゲージ

　はめあい公差のように、寸法公差が数μm～数十μmですと、ノギスやマイクロメータでは測定の誤差が大きくなり測定の信頼性に疑問が出る場合があります。
　厳しい寸法公差の計測で用いられるのがゲージで、次のようなものがあります。
・限界プラグ（栓）ゲージ　　　⇒穴を検査するもの
・リングゲージ　　　　　　　　⇒軸を検査するもの
・はさみゲージ　　　　　　　　⇒軸や角幅を検査するもの

　一般的にゲージは、検査（合格か不合格を判定）に用いられ、計測（測定数値を結果として記録する）には用いません。

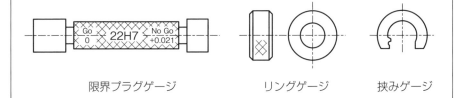

限界プラグゲージ　　　　　　リングゲージ　　　　　　挟みゲージ

　ゲージには、通り側（GOゲージ）と止まり側（NOGOゲージ）があり、通り側がスムーズに貫通でき、かつ止まり側が挿入できなかったり、途中で引掛り貫通できなかったりした場合に、その部品は合格と判断します。

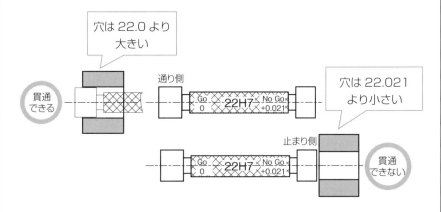

　したがって、「この部品の穴は22.000～22.021の範囲内でできているため合格です！」と判断できるのです。

表4-6 常用するはめあいで用いる穴の寸法公差

基準寸法の区分 (mm)		穴の公差域クラス (μm)																						基準寸法の区分 (mm)	
超	以下	F6	F7	F8	G6	G7	H5	H6	H7	H8	H9	H10	JS5	JS6	JS7	K5	K6	K7	M5	M6	M7	N6	N7	P6	P7	R7	S7	超	以下
—	3	+12 / +6	+16 / +6	+20 / +6	+8 / +2	+12 / +2	+4 / 0	+6 / 0	+10 / 0	+14 / 0	+25 / 0	+40 / 0	±2	±3	±5	0 / -4	0 / -6	0 / -10	-2 / -6	-2 / -8	-2 / -12	-4 / -10	-4 / -14	-6 / -12	-6 / -16	-10 / -20	-14 / -24	—	3
3	6	+18 / +10	+22 / +10	+28 / +10	+12 / +4	+16 / +4	+5 / 0	+8 / 0	+12 / 0	+18 / 0	+30 / 0	+48 / 0	±2.5	±4	±6	0 / -5	+2 / -6	+3 / -9	-3 / -8	-1 / -9	0 / -12	-5 / -13	-4 / -16	-9 / -17	-8 / -20	-11 / -23	-15 / -27	3	6
6	10	+22 / +13	+28 / +13	+35 / +13	+14 / +5	+20 / +5	+6 / 0	+9 / 0	+15 / 0	+22 / 0	+36 / 0	+58 / 0	±3	±4.5	±7.5	+1 / -5	+2 / -7	+5 / -10	-4 / -10	-3 / -12	0 / -15	-7 / -16	-4 / -19	-12 / -21	-9 / -24	-13 / -28	-17 / -32	6	10
10	18	+27 / +16	+34 / +16	+43 / +16	+17 / +6	+24 / +6	+8 / 0	+11 / 0	+18 / 0	+27 / 0	+43 / 0	+70 / 0	±4	±5.5	±9	+2 / -6	+2 / -9	+6 / -12	-4 / -12	-4 / -15	0 / -18	-9 / -20	-5 / -23	-15 / -26	-11 / -29	-16 / -34	-21 / -39	10	18
18	30	+33 / +20	+41 / +20	+53 / +20	+20 / +7	+28 / +7	+9 / 0	+13 / 0	+21 / 0	+33 / 0	+52 / 0	+84 / 0	±4.5	±6.5	±10.5	+1 / -8	+2 / -11	+6 / -15	-5 / -14	-4 / -17	0 / -21	-11 / -24	-7 / -28	-18 / -31	-14 / -35	-20 / -41	-27 / -48	18	30
30	50	+41 / +25	+50 / +25	+64 / +25	+25 / +9	+34 / +9	+11 / 0	+16 / 0	+25 / 0	+39 / 0	+62 / 0	+100 / 0	±5.5	±8	±12.5	+2 / -9	+3 / -13	+7 / -18	-5 / -16	-4 / -20	0 / -25	-12 / -28	-8 / -33	-21 / -37	-17 / -42	-25 / -50	-34 / -59	30	50
50	65	+49 / +30	+60 / +30	+76 / +30	+29 / +10	+40 / +10	+13 / 0	+19 / 0	+30 / 0	+46 / 0	+74 / 0	+120 / 0	±6.5	±9.5	±15	+3 / -10	+4 / -15	+9 / -21	-6 / -19	-5 / -24	0 / -30	-14 / -33	-9 / -39	-26 / -42	-21 / -51	-30 / -60 / -32 / -62	-42 / -72 / -48 / -78	50	65
65	80																											65	80
80	100	+58 / +36	+71 / +36	+90 / +36	+34 / +12	+47 / +12	+15 / 0	+22 / 0	+35 / 0	+54 / 0	+87 / 0	+140 / 0	±7.5	±11	±17.5	+2 / -13	+4 / -18	+10 / -25	-8 / -23	-6 / -28	0 / -35	-16 / -38	-10 / -45	-30 / -41 / -32 / -48	-24 / -59	-38 / -73 / -41 / -76	-58 / -93 / -66 / -101	80	100
100	120																											100	120
120	140	+68 / +43	+83 / +43	+106 / +43	+39 / +14	+54 / +14	+18 / 0	+25 / 0	+40 / 0	+63 / 0	+100 / 0	+160 / 0	±9	±12.5	±20	+3 / -15	+4 / -21	+12 / -28	-9 / -27	-8 / -33	0 / -40	-20 / -45	-12 / -52	-36 / -48	-28 / -68	-48 / -88 / -50 / -90 / -53 / -93	-77 / -117 / -85 / -125 / -93 / -133	120	140
140	160																											140	160
160	180																											160	180
180	200	+79 / +50	+96 / +50	+122 / +50	+44 / +15	+61 / +15	+20 / 0	+29 / 0	+46 / 0	+72 / 0	+115 / 0	+185 / 0	±10	±14.5	±23	+2 / -18	+5 / -24	+13 / -33	-11 / -31	-8 / -37	0 / -46	-22 / -51	-14 / -60	-41 / -53	-33 / -79	-60 / -105 / -63 / -108 / -67 / -113	-105 / -151 / -113 / -159 / -123 / -169	180	200
200	225																											200	225
225	250																											225	250
250	280	+88 / +56	+108 / +56	+137 / +56	+49 / +17	+69 / +17	+23 / 0	+32 / 0	+52 / 0	+81 / 0	+130 / 0	+210 / 0	±11.5	±16	±26	+3 / -20	+5 / -27	+16 / -36	-13 / -36	-9 / -41	0 / -52	-25 / -57	-14 / -66	-47 / -74	-36 / -88	-74 / -130 / -78 / -130	—	250	280
280	315																											280	315
315	355	+98 / +62	+119 / +62	+151 / +62	+54 / +18	+75 / +18	+25 / 0	+36 / 0	+57 / 0	+89 / 0	+140 / 0	+230 / 0	±12.5	±18	±28.5	+3 / -22	+7 / -29	+17 / -40	-14 / -39	-10 / -46	0 / -57	-26 / -62	-16 / -73	-51 / -87	-41 / -98	-87 / -144 / -93 / -150	—	315	355
355	400																											355	400
400	450	+108 / +68	+131 / +68	+165 / +68	+60 / +20	+83 / +20	+27 / 0	+40 / 0	+63 / 0	+97 / 0	+155 / 0	+250 / 0	±13.5	±20	±31.5	+2 / -25	+8 / -32	+18 / -45	-16 / -43	-10 / -50	0 / -63	-27 / -67	-17 / -80	-55 / -95	-45 / -108	-103 / -166 / -109 / -172	—	400	450
450	500																											450	500

表4-7 常用するはめあいで用いる軸の寸法公差

基準寸法の区分 (mm) 超	以下	f6	f7	f8	g4	g5	g6	h4	h5	h6	h7	h8	h9	js4	js5	js6	js7	k4	k5	k6	m4	m5	m6	n6	p6	r6	s6	t6
―	3	−6/−12	−6/−16	−6/−20	−2/−5	−2/−6	−2/−8	−3	−4	−6	−10	−14	−25	±1.5	±2	±3	±5	+3	+4	+6	+5	+6	+8	+10/+4	+12/+6	+16/+10	+20/+14	―
3	6	−10/−18	−10/−22	−10/−28	−4/−8	−4/−9	−4/−12	−4	−5	−8	−12	−18	−30	±2	±2.5	±4	±6	+5/+1	+6/+1	+9/+1	+8/+4	+9/+4	+12/+4	+16/+8	+20/+12	+23/+15	+27/+19	―
6	10	−13/−22	−13/−28	−13/−35	−5/−9	−5/−11	−5/−14	−4	−6	−9	−15	−22	−36	±2	±3	±4.5	±7.5	+5/+1	+7/+1	+10/+1	+10/+6	+12/+6	+15/+6	+19/+10	+24/+15	+28/+19	+32/+23	―
10	14	−16/−27	−16/−34	−16/−43	−6/−11	−6/−14	−6/−17	−5	−8	−11	−18	−27	−43	±2.5	±4	±5.5	±9	+6	+9/+1	+12/+1	+12/+7	+15/+7	+18/+7	+23/+12	+29/+18	+34/+23	+39/+28	―
14	18																											
18	24	−20/−33	−20/−41	−20/−53	−7/−13	−7/−16	−7/−20	−6	−9	−13	−21	−33	−52	±3	±4.5	±6.5	±10.5	+8/+2	+11/+2	+15/+2	+14/+8	+17/+8	+21/+8	+28/+15	+35/+22	+41/+28	+48/+35	+54/+41
24	30																											+64/+48
30	40	−25/−41	−25/−50	−25/−64	−9/−16	−9/−20	−9/−25	−7	−11	−16	−25	−39	−62	±3.5	±5.5	±8	±12.5	+9/+2	+13/+2	+18/+2	+16/+9	+20/+9	+25/+9	+33/+17	+42/+26	+50/+34	+59/+43	+64/+48/+70/+54
40	50																											+85/+70
50	65	−30/−49	−30/−60	−30/−76	−10/−18	−10/−23	−10/−29	−8	−13	−19	−30	−46	−74	±4	±6.5	±9.5	±15	+10/+2	+15/+2	+21/+2	+19/+11	+24/+11	+30/+11	+39/+20	+51/+32	+60/+41	+72/+53	+85/+66
65	80																									+62/+43	+78/+59	+94/+75
80	100	−36/−58	−36/−71	−36/−90	−12/−22	−12/−27	−12/−34	−10	−15	−22	−35	−54	−87	±5	±7.5	±11	±17.5	+13/+3	+18/+3	+25/+3	+23/+13	+28/+13	+35/+13	+45/+23	+59/+37	+73/+51	+93/+71	+113/+91
100	120																									+76/+54	+101/+79	+126/+104
120	140	−43/−68	−43/−83	−43/−106	−14/−26	−14/−32	−14/−39	−12	−18	−25	−40	−63	−100	±6	±9	±12.5	±20	+15/+3	+21/+3	+28/+3	+27/+15	+33/+15	+40/+15	+52/+27	+68/+43	+88/+63	+117/+92	+147/+122
140	160																									+90/+65	+125/+100	+159/+134
160	180																									+93/+68	+133/+108	+171/+146
180	200	−50/−79	−50/−96	−50/−122	−15/−29	−15/−35	−15/−44	−14	−20	−29	−46	−72	−115	±7	±10	±14.5	±23	+18/+4	+24/+4	+33/+4	+31/+17	+37/+17	+46/+17	+60/+31	+79/+50	+106/+77	+151/+122	―
200	225																									+109/+80	+159/+130	
225	250																									+113/+84	+169/+140	
250	280	−56/−88	−56/−108	−56/−137	−17/−33	−17/−40	−17/−49	−16	−23	−32	−52	−81	−130	±8	±11.5	±16	±26	+20/+4	+27/+4	+36/+4	+36/+20	+43/+20	+52/+20	+66/+34	+88/+56	+126/+94	―	―
280	315																									+130/+98		
315	355	−62/−98	−62/−119	−62/−151	−18/−36	−18/−43	−18/−54	−18	−25	−36	−57	−89	−140	±9	±12.5	±18	±28.5	+22/+4	+29/+4	+40/+4	+39/+21	+46/+21	+57/+21	+73/+37	+98/+62	+144/+108	―	―
355	400																									+150/+114		
400	450	−68/−108	−68/−131	−68/−165	−20/−40	−20/−47	−20/−60	−20	−27	−40	−63	−97	−155	±10	±13.5	±20	±31.5	+25/+5	+32/+5	+45/+5	+43/+23	+50/+23	+63/+23	+80/+40	+108/+68	+166/+126	―	―
450	500																									+172/+132		

第4章 寸法配列と寸法公差って何の関係があるねん!

機械設計者が一番初めに出会う"はめあい"は軸受け（ベアリング）の外輪をハウジング穴に挿入する場合と、内輪に軸を挿入する場合かもしれません。
　軸受以外には、オイルシールやO（オー）リング、そして第3章3-3-2項で説明したキーなどは、はめあいの考え方を設計に盛り込まなくてはいけません。

　軸受やオイルシールなどの機械要素は、推奨するはめあいがJISで規定されています。
　また、それらを製造販売しているメーカーのカタログにも推奨するはめあいの基準や使用上の注意点が詳しく説明されていますので、設計する際は必ず目を通して、最適な使用方法を確認してください。

　軸受は使用用途と目的によって、はめあいの度合いを変化させる必要があり、機能性と組み立て性を考慮して、最適な組み合わせを選定する必要があります。
　それでは、次に転がり軸受を例にして、推奨されるはめあいについて説明します。

φ(@°▽°@)　メモメモ

機械要素

　機械要素とは、ボルト、ナット、歯車、キー、軸受などのように機械を構成する分解可能な最小単位の部分をいいます。
　機械要素には、小ねじ、ボルト、ナット、座金、ピン・止め輪、スプライン、キー、セレーション、軸継手、ボールねじ、軸受、歯車、ローラチェーン・スプロケット、ベルト車・ベルト、ばね、シール（パッキン）類などがあります。

4-5-4　転がり軸受のはめあい

転がり軸受のはめあい（JIS B 1566）

ラジアル軸受の軸及びハウジング穴とのはめあいは次による。
(1) 内輪回転荷重を受ける軸受の内輪と軸のはめあいは、しまりばめ又は中間ばめとし、相対的に荷重が大きいほどしめしろを大きくする。
(2) 方向不定荷重を受ける軸受の内輪と軸とのはめあいは、しまりばめ又は中間ばめとする。
(3) 内輪静止荷重を受ける軸受の内輪と軸とのはめあいは、すきまばめ又は中間ばめとする。
(4) 外輪静止荷重を受ける軸受の外輪とハウジング穴とのはめあいは、すきまばめ又は中間ばめとする。
(5) 方向不定荷重を受ける軸受の外輪とハウジング穴とのはめあいは、中間ばめ又はしまりばめとする。
(6) 外輪回転荷重を受ける軸受の外輪とハウジング穴とのはめあいは、しまりばめ又は中間ばめとし、相対的に荷重が大きいほど、しめしろを大きくする。

　この規格に用いる用語の意味を以下に示します。
(1) **内輪回転荷重**
　軸受の内輪に対して、荷重の作用線が相対的に回転している荷重。
(2) **内輪静止荷重**
　軸受の内輪に対して、荷重の作用線が相対的に回転していない荷重。
(3) **外輪回転荷重**
　軸受の外輪に対して、荷重の作用線が相対的に回転している荷重。
(4) **外輪静止荷重**
　軸受の外輪に対して、荷重の作用線が相対的に回転していない荷重。

はめあいの選定は、軸受にかかる荷重の方向と、内輪・外輪の回転状態とによって決められます（**表4-8**）。

表4-8　軸受のはめあい選定基準

荷重の方向	軸受の回転		荷重条件	はめあい	
	内輪	外輪		内輪	外輪
（静止・荷重・回転図）	回転	静止	内輪回転荷重 外輪静止荷重	しまりばめ	すきまばめ
（荷重・静止・回転図）	静止	回転			
（荷重・静止・回転図）	静止	回転	外輪回転荷重 内輪静止荷重	すきまばめ	しまりばめ
（静止・荷重・回転図）	回転	静止			
荷重方向が確定できない、不つり合い荷重があるなど荷重方向が一定しない場合	回転または停止	回転または停止	方向不定荷重	しまりばめ	しまりばめ

Engineering Technology

クリープ現象

　転がり軸受は、少ないしめしろで軸に取り付けられ、内輪に荷重を受けて回転すると、内輪と軸との間で円周方向に滑りを生じることがあります。
　このように、はめあい面にしめしろが不足している場合に、荷重点が円周方向に移動することによって、軌道輪が軸又はハウジングに対して、円周方向に位置のずれを生じる現象がクリープ現象です。
　クリープが一度起こると、はめあい面は著しく摩耗し、軸又はハウジングを損傷させ、軸受内部に摩耗粉が侵入したり、異常発熱、振動などの原因となることもあります。
　したがって、軸受のはめあいは、荷重を受けて回転する軌道輪に適切なしめしろを与えて、軸又はハウジングに固定し、回転時のクリープを防止することが重要です。しかし、組み立て性などの理由によって、適切なしめしろを確保できない場合は、潤滑などによる予防措置が必要です。

4-5-5 Oリングの溝

油圧や空圧を取り扱う産業にかかわらず、一般産業機械でも潤滑油やグリース漏れ防止に使用され、最も数多く使用されるシールのひとつが"Oリング"です。

Oリングは溝に装着し、ハウジングに挿入すると約8〜30%の圧縮(つぶししろ)を与えられます。低圧の場合は、このOリング自体の弾性によって、密封することができるのです。

Oリングの特徴として、次のようなものがあります。
- コンパクトでスペースが小さい
- シールに方向性がない
- 広範囲の圧力に使用できる
- 種類が豊富で、シールの中でも低価格

Oリングの取り付け溝は、JIS B 2401-2で規定されています。

Oリングをはめ込む軸の寸法は、外径と溝径ならびに溝幅を指定しなければいけません。これらの寸法にはJISで規定された寸法公差が必要です。推奨される寸法公差はJISを確認するか、メーカーのカタログを参照してください。

また、Oリングを軸に挿入する際に軸側と穴側に面取り（30°以下のテーパ面取りが望ましい）が必要です。忘れないように注意をしてください（**図4-14**）。

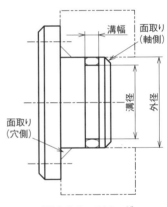

図4-14　Oリング

φ(@°▽°@) メモメモ

Oリング（O-rings）

Oリングは、用途別に分類すると3つの種類があります。
- 運動用固定用Oリング（P種）
- 固定用Oリング（G種・S種）
- 真空フランジ用Oリング（V種）

ちなみに外径は規定されていません。

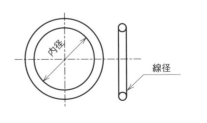

第4章　寸法配列と寸法公差って何の関係があるねん！

第4章　6　# 寸法公差値の決め方と解析

4-6-1　寸法公差値の決め方

　寸法公差を考えるときに、最も悩ましいのが公差値の決め方です。
　例えば、寸法公差として、「±0.1」、「±0.05」、「±0.03」のうち、どれが正しい寸法公差でしょうか？設計者としては、「±0.03」を選びたいでしょう。しかし、「加工できるのか？」「コストが上がってしまう」と不安になってしまいます。そう、寸法公差の値に、「これが正解！」という答えは存在しないのです。性能とコストは相反する関係にあります（図4-15）。

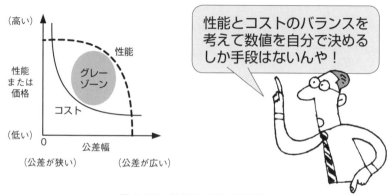

図4-15　性能とコストの関係

Q1：公差を厳しくすればするほど、製品の性能は向上するのでしょうか？
A1：いいえ。性能カーブを見ると、製品の性能は構造によって決定されるので、いくら公差を厳しくしても性能はそんなに変わらないのです。それどころか、コストカーブを見ると判るように、価格はいくらでも上昇してしまいます。
Q2：公差を極端にゆるくすれば、部品のコストはゼロになりますか？
A2：いいえ。材料代に加えて最低限の加工費が発生するため、コストカーブを見ると、価格をゼロにすることは不可能です。それどころか、性能カーブを見ると判るように部品が組めない、動かないなどによって意味のない部品になってしまうのです。
　公差の数値は、コストを抑えながらある程度の性能を保てるグレーゾーンの中で決めていくしかありません。実際には、自社の実績のある公差値を参考にすることになるでしょう。

φ(@°▽°@) メモメモ

寸法公差は数値決定の前に"勝ち負け"を考える

たとえば、スパナを使ってねじ止めするプラグを設計する場合を考えましょう。

スパナをかける部分（一般的に、二面幅と呼びます）の寸法を決める場合に注意が必要です。

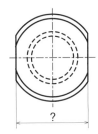
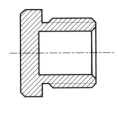

寸法公差を検討する場合は、必ず相手部品との関係を考えなければいけません。プラグの二面幅（にめんはば）の相手はスパナです。

そう、スパナの寸法を知らないと、スパナを使う部品の設計はできないのです！

例えば、プラグの形状から二面幅が20mm前後で設計できる場合、通常であれば「20」というキリのよい数値を選びがちになります。しかし、JISでスパナを調査すると二面幅が20mmのスパナはなく、19mmか21mmを選択しなければいけないことがわかります（**下表**）。

さらに、スパナの公差は基準寸法に対してプラス側に設定されているため、スパナの挿入性を考えると、プラグの二面幅は基準寸法に対してマイナス側に設定しなければいけないことがわかります。

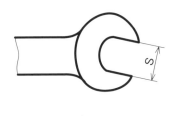

JIS B 4630　スパナの寸法規格

呼びS（単位mm）	許容差	
	最小	最大
5.5	+0.02	+0.12
6,7,8,9	+0.03	+0.15
10,11	+0.04	+0.19
12,13	+0.04	+0.24
14,16	+0.05	+0.27
17,18	+0.05	+0.30
19,21,22,23,24	+0.06	+0.36
26,27,29,30,32	+0.08	+0.48
35,36,38,41,46,50	+0.10	+0.60
54,5,58,60,63,65,67,70,71	+0.12	+0.72
75,77,80	+0.16	+0.85

4-6-2　ひとつの部品内での公差解析

ひとつの部品の中で、公差が与える影響を考えてみましょう。
まずは、寸法指示上、省略された全長Aのばらつきを計算してみます（図4-16 a）。
　A=20+40+30±（0.1+0.15+0.15）＝90±0.4
次に、省略された溝幅寸法Bのばらつきを計算してみましょう（図4-16 b）。
　B=90-20-30±（0.4+0.1+0.15）＝40±0.65

このように、寸法の配列によって違いが出るのはすでに説明しましたので、どちらの寸法配列が妥当かは、設計機能を考えて設計者が判断しなければいけないのです。

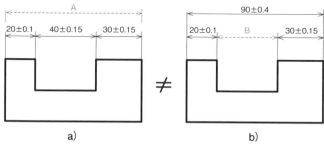

　　　　　a)　　　　　　　　　　　　b)

図4-16　単品部品内での公差解析

ところで、上図の2つの部品の全長はどちらも「90±0.4」なのに、中央の溝の公差は、「40±0.15」と「40±0.65」と違います。計算する順序が異なるため、このような矛盾する現象が発生するのです。この矛盾をなくすために、最も機能上影響の少ない寸法をひとつ選択し、その寸法を省略するか参考寸法を用いるのは図4-6で解説したばかりです。

4-6-3 2部品間の公差解析

設計実務では、隣接する部品同士の関係は寸法公差を使って制御します。そこで、組み合わせる2部品間で生じる公差の度合いを考えてみましょう。
軸を穴に挿入する状況で、すきまばめとしまりばめの2パターンで公差解析を行います。

①すきまばめで設計をする場合（図4-17）

位置決めを目的とすることが多く、挿入性を考慮して隙間が最も小さくなる最小すきまに着目することが一般的です。軸の直径が最も大きく、穴の直径が最も小さいときが最小すきまとなります。

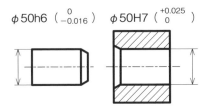

すきまばめ	軸(mm)	穴(mm)
最大寸法	50.000	50.025
最小寸法	49.984	50.000
最小すきま	0(50.000〜50.000)	
最大すきま	0.041(50.025〜49.984)	

図4-17 すきまばめの公差解析

②しまりばめで設計をする場合（図4-18）

必要な把持力の保証を目的とするため、把持力が最も小さくなる最小しめしろに着目することが一般的です。

しまりばめの場合、温度変化によるしめしろの変動に注意しなければいけません。軸の直径が最も小さくなり穴の直径が最も大きくなるときが最小しめしろとなりますが、軸と穴側の材料が異材質の場合、温度変化によってしめしろが減少して把持力が消失するかもしれないのです。

さらに、軸の直径が最も大きくなり穴の直径が最も小さくなるときが最大しめしろとなりますが、軸と穴側の材料が異材質の場合、温度変化によってしめしろが増加して穴側の部品が割れないか検討が必要です。

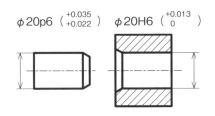

しまりばめ	軸(mm)	穴(mm)
最大寸法	20.035	20.013
最小寸法	20.022	20.000
最小しめしろ	0.009(20.022〜20.013)	
最大しめしろ	0.035(20.035〜20.000)	

図4-18 しまりばめの公差解析

φ(@°▽°@) メモメモ

線膨張係数（せんぼうちょうけいすう）

　物質は温度が上がると膨張し、温度が下がると収縮します。このときの物質の伸縮度合は、ほぼ温度に比例しており、その比を線膨張係数といいます。
　元の長さをL、温度変化を$\varDelta T$とすれば、伸び代δLは下式で求められます。
　ここで、長さLは、内径dあるいは外径Dに変換して計算することができます。

$$\delta L = \alpha \cdot L \cdot \varDelta T$$

材料名	線膨張係数α ($\times 10^{-6}$/℃)
軟鋼	11.7
アルミニウム	23.6
アルミ青銅	16
銅	16.8
黄銅	18～23
ステンレス(SUS 304)	17.3
ステンレス(SUS 430)	10.4

計算例：
　雰囲気環境温度20℃から120℃まで上昇すると、1000mmの軟鋼棒はどのくらい伸びるのか？
　δL（伸び代）$= 11.7 \times 10^{-6} \times 1000 \times (120-20) = 1.17$mm

膨張するってことは、穴は温度が上がると、逆に小さくなるんやんね？

ちゃうちゃう！この絵を見てみ！温度が上がると穴も一緒に外に広がるんや！

4-6-4　複数部品間の公差解析

　機械製品は多数の部品が取り付けられて構成されています。公差を図面上の数値のみのばらつきで考えると、公差の累積によって製品として組立を保証できないかもしれません。
　例えば、A～Dの部品の長さが次のように設計されているとします（**図4-19**）。
　　A＝20±0.1mm　　B＝30±0.1mm　　C＝40±0.2mm　　D＝50±0.2mm

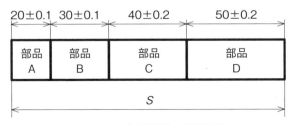

図4-19　複数部品の公差解析

　例えば、4つの部品を重ねたとき、全長Sを「140±0.4以内に規制したい」という目標をあげて、それを満足できるかを検討してみましょう。

●算術的な公差解析：S_A

　別名、「互換性の方法」あるいは「最悪状態：WC(worst case)」とも呼ばれ、直列に並ぶ寸法公差の数値を単純に足し算する手法で、全長S_Aは次のように計算されます。
　　S_A＝20＋30＋40＋50±（0.1＋0.1＋0.2＋0.2）＝140±0.6
　この場合、規制したい目標の全長S±0.4を0.2mmオーバーしてしまいます。皆さんは、これに気づいてどう対処するでしょうか？
　A～Dの部品公差を少しずつ厳しくして、論理的に成り立つように図面を修正しようとするのでないでしょうか。例えば、次のように…。
　　A＝20±0.05mm　　B＝30±0.05mm　　C＝40±0.15mm　　D＝50±0.15mm

　設計者のあなたは、数値を書き換えれば完了ですが、加工者にとっては、公差を厳しくされると加工工数が増え、歩留まりも悪くなり、結果としてコストアップにつながります。

●分散の加法性（ぶんさんのかほうせい）を使った統計的な公差解析：S_B

寸法公差の解析に統計学の考え方を使うことができます。

例えば、"$Y±X$mm"という公差範囲の中で、ばらつきが正規分布し、実際の部品のばらつきが±3$σ$(99.7％)で分布すると仮定します（図4-20）。

$σ$はシグマと呼びます。

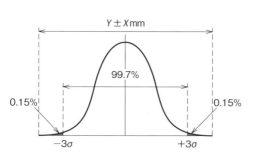

図4-20　正規分布

上図に示すように、公差範囲内で公差値がほぼ最大値となる確率は0.15％です。残りの3つの部品も同様に、ほぼ最大値を取る確率は0.15％です。

これら最大寸法に近い部品が4つ、たまたま組み合わせられる確率Kは、次のように示されます。

$$K = 0.0015 × 0.0015 × 0.0015 × 0.0015 = 5.06 × 10^{-12}$$

4個の部品がほぼ最大寸法同士として重なる確率は、0.00000000506％と限りなくゼロに低い値になります。

つまり、N個の部品が重なったとき、最大寸法(あるいは最小寸法)ばかりの部品が偶然に重なることは統計学的にありえないという解釈をするのです。

これは別名、「不完全互換性の方法」や「2乗和平方根：RSS(Root Sum Square)」とも呼ばれ、総合誤差の標準偏差(つまり、統計的な公差)は個々の偶然誤差の標準偏差$σ$の2乗(すなわち分散)の和の平方根から求める手法で、全長S_Bは次のように計算されます。

$$S_B = 20+30+40+50 ± \sqrt{(0.1)^2+(0.1)^2+(0.2)^2+(0.2)^2} = 140 ± 0.32$$

よって、A～Dの4つの部品を重ねた場合は、ほとんどの組合せで140±0.32の寸法内に収まると考え、目標の全長S±0.4を満足することができると判断するのです。

今回の事例は、たった4つの部品の公差ばらつきを検討しただけですが、皆さんが設計する機械はもっと多くの部品で構成されていますよね。
　部品点数が多くなればなるほど、〝算術的な公差〟で全てを捉えると、組み合わせたときの公差のばらつきはとても大きなものになってしまい、製品が成り立たなくなってしまいます。しかし、〝分散の加法性を使った公差〟では、〝算術的な公差〟と比べてより小さなばらつきに収まるのです。
　それでは、これら2つの公差解析手法をどのように使い分ければよいのでしょうか？

・算術的な公差解析を使う場合
　生産ロットが少なく手作業による加工が前提の少数生産の場合や、大量生産部品でも寸法のバラツキが図面に記載した寸法公差に対して正規分布でない場合に利用します。

・分散の加法性を使った統計的な公差解析を使う場合
　生産ロットが多く自動化機械による加工が前提の大量生産部品で、かつ寸法のバラツキが正規分布することを前提にする場合に利用します。

必ず、量産後に生産技術の協力を得て、正規分布しているか確認する作業が必要なのと、幾何公差の影響を忘れたらあかんで！

■D(￣ー￣*)コーヒーブレイク

標準偏差

　分散とは、それぞれのデータが平均値を中心とし、どの程度離れているか、その距離の2乗した値の平均です。散らばり具合を見る目安となっており、それにルートをつけたものが、標準偏差です。
　ビジュアル的に見るには、標準偏差が見やすく、下図のように同じ平均値をもつデータでもどちらのばらつきが少ないかを示すには、標準偏差が小さいことを説明すればよいのです。

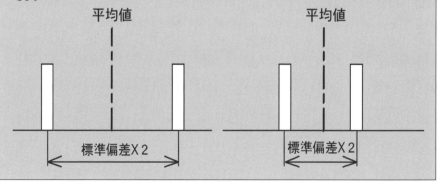

第4章　寸法配列と寸法公差って何の関係があるねん！

第4章 7 表面性状(表面粗さ)

> **表面性状(表面粗さ)**
> 　面の肌に関する指示は、その対象物の表面(以下、対象面という)、除去加工の要否及び表面粗さについて行う。
> 　また、機能上特に必要がある場合には、対象面の加工方法、筋目方向及び表面うねりを指示する。

　表面粗さは、密封などの機能を果たすため、あるいは外観の装飾性を表現するため、手触り感をよくするためなど、製品の機能として大変重要な要素となります。

　表面粗さの指定は、なぜ必要なのでしょうか?
　鉄鋼やアルミなど金属を刃物で削る場合、右の写真のように刃物の傷跡が残る場合があります。見た目が綺麗でないため、このような部品は商品価値がないと考える人もいるでしょう。

　しかし、部品の状態では傷跡が見えても、製品として組み立てた後に隠れてしまうのであれば、綺麗に仕上げる必要はありません。

　つまり、綺麗に加工しなくてもよい部分と綺麗に仕上げて欲しい部分を図面上で明確に指示してあげれば、加工者はそれに合わせて最適なコストになるように加工してくれるのです。

　また、表面粗さの数値は、寸法の数値と意味合いが異なります。

　寸法数値が「加工の目標値」であるのに対し、表面粗さは「加工の限界値」という違いです(**図4-21**)。つまり、表面粗さが、Ra 6.3 (平均で6.3μm以下という意味)で図面指示されている場合、計測時に平均粗さが6.3μm以下であれば全て合格になるため、数値自体の重要性は寸法に比べると若干劣ると考えても差し支えないと考えます。

図4-21　寸法数値と表面粗さ数値の違い

4-7-1 表面性状の図示記号

表面性状は"面の肌"とも呼び、主として機械加工される部品の表面における表面粗さ、除去加工の要否、筋目方向、表面うねりなどをいいます。

除去加工とは、機械加工またはこれに準じる方法によって、部品、部材などの表層部を除去すること、つまり削り取ることを意味します。

筋目（すじめ）方向とは、除去加工によって生じる顕著な筋目の方向をいいます。

表面性状の基本記号が2002年に改正されていますので、改正前後の違いを理解しておきましょう（図4-22）。

JISにおいて、次のように表面性状の記号が変化してきました。

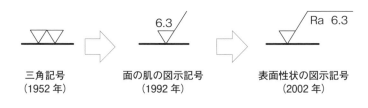

三角記号　　　　　面の肌の図示記号　　　　表面性状の図示記号
（1952年）　　　　（1992年）　　　　　　（2002年）

図4-22　表面粗さ記号の推移

φ(@°▽°@)　メモメモ

表面粗さの測定

表面粗さ測定方法のうち、最も広く普及しているのが触針式粗さ計です。先端半径2〜10μm程度の触針（ダイヤモンド、サファイヤ等）で表面を直接トレースし、その触針の上下動を差動トランスなどで電気的な信号に変換して出力します。

触針のトレースする方向は、検査者が筋目を目視で確認し、最もデータとして悪くなる方向とします。

1）基本図示記号

基本図示記号は、対象面を示す線に対して約60°傾いた長さの異なる2本の直線で構成します（図4-23）。ただし、基本図示記号だけでは、表面性状の要求事項の指示にはなりません。

基本図示記号は、簡略図示に用いることができます。図4-32を参照してください。

2）除去加工の図示記号

・除去加工の有無を問わない場合

対象面に機械加工をしてもしなくてもよい場合、基本図示記号に表面性状パラメータを指示します。

図4-23　基本図示記号
（除去加工の有無を問わない基本記号）

・除去加工をする場合

対象面に機械加工をする場合、基本図示記号に横線をつけ、三角形状にして表面性状パラメータを指示します（図4-24）。

ただし、要求事項を書かない除去加工の図示記号だけを使うことはできません。

図4-24　除去加工する基本記号

・除去加工を許さない場合

対象面に機械加工をしない場合には、基本図示記号に丸の記号をつけ表面性状パラメータを指示します（図4-25）。

図4-25　除去加工しない基本記号

3）表面性状の図示記号

表面性状パラメータを指示する場合は、上記の図示記号の長い方の斜線に横線をつけます（図4-26）。

図4-26　表面性状の図示記号

4-7-2　表面性状パラメータ

1）表面性状パラメータの種類と位置

　表面性状の要求事項をパラメータとして記入する場合、次の位置に示します（**図4-27**）。

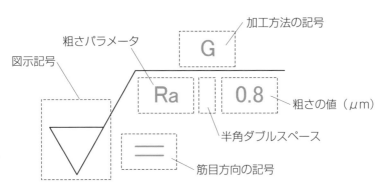

図4-27　表面性状パラメータの位置

①図示記号・・・　3種類の図示記号を使い分けます（図4-23〜25参照）。
②粗さパラメータ・・・　一般的に算術平均粗さRaまたは、最大高さRzを使います。
③粗さの値・・・　標準数を使用します（**表4-10参照**）。
④加工方法の記号・・・最終工程で使用する加工法の名称で表します。解釈に誤りがないと判断できる場合には略号を使っても構いません（**表4-9**）。

表4-9　加工方法の名称と略号

代表的な加工 方法の名称	旋削（せんさく） Lathe Turning	フライス削り Milling	研削（けんさく） Grinding	バフ研磨 Buffing
略号	L	M	G	B

⑤筋目方向の記号・・・加工によって生じる筋目方向を指示します（**図4-28**）。

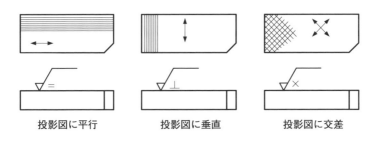

図4-28　筋目方向の指示例

2）粗さパラメータの値

　粗さパラメータは、日本を含めて世界的にもRa（算術平均粗さ）の採用が多いといえます。

　Raは、粗さの平均値であるため、圧力のかかる装置や真空装置のように一ヵ所でも深い傷があると機能を果たさない可能性がある密封面では、Rz（最大高さ）を指示します。

①最大高さ：Rz

　粗さ曲線からその平均線の方向に基準長さだけを抜き取り、この抜取り部分の平均線から山頂までの高さと谷底までの深さの和を指します。1箇所でも際立って高い山や深い谷があると、大きな値になる特徴があります（図4-29 a）。

②算術平均粗さ：Ra

　粗さ曲線からその平均線の方向に基準長さだけを抜き取り、この抜取り部分の平均線から測定曲線までの偏差の絶対値を合計して、再度平均した値をいいます。ひとつの傷が測定値に及ぼす影響が非常に小さくなるのが特徴です（図4-29 b）。

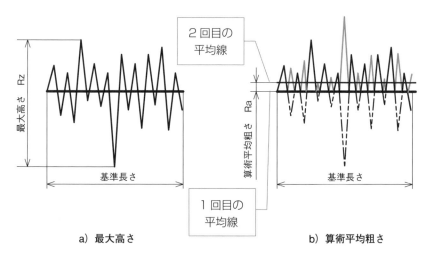

a）最大高さ　　　b）算術平均粗さ

図4-29　表面性状パラメータの意味

RaやRzに続けて記入する数値は標準数を用い、単位はマイクロメートル（μm）で表します。表面粗さとして優先的に用いられる数値を太字で表します（**表4-10**）。

表4-10　標準数列

	0.012	0.125	1.25	**12.5**	125
	0.016	0.16	**1.6**	16	160
	0.02	**0.2**	2	20	**200**
	0.025	0.25	2.5	**25**	250
	0.032	0.32	3.2	32	320
	0.04	**0.4**	4	40	**400**
	0.05	0.5	5	50	
	0.063	0.63	**6.3**	63	
0.008	0.08	**0.8**	8	80	
0.01	**0.1**	1	10	**100**	

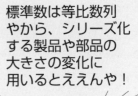

標準数は等比数列やから、シリーズ化する製品や部品の大きさの変化に用いるとええんや！

表面性状パラメータの適用例を**表4-11**示します。研削加工になる場合、コストが大幅に上昇しますので、機能上、本当に必要かどうか判断しなければいけません。

表4-11　表面性状パラメータの関係と加工法

算術平均粗さ Ra	最大高さ Rz	三角記号 （参考）	適用	加工方法
0.025	0.1	▽▽▽▽	超精密仕上げ面	研磨
0.05	0.2			
0.1	0.3		非常に精密な仕上げ面	
0.2	0.8		精密仕上げ面	
0.4	1.6		機能上なめらかさを重要とする面	研削
0.8	3.2	▽▽▽	集中荷重を受ける面 軽荷重で連続的でない軸受面	研削／切削
1.6	6.3		良好な機械仕上げ面、はめあい部	切削
3.2	12.5	▽▽	中級の機械仕上げ面、はめあい部	
6.3	25		経済的な機械仕上げ面、接触面	
12.5	50	▽	重要でない仕上げ面、非接触面	
25	100		荒仕上げ面、非接触面	

☞ **研磨加工は、バフ→ラップ→ポリッシュの順でより輝く**

具体的な製品での使い分けの事例を紹介します（**表4-12**）。

表4-12　算術平均粗さ(Ra)の適用例

粗さの区分	適用例
Ra　0.025 Ra　0.05	**超精密仕上げ面：** 著しくコストが高くなるので、特殊機器、精密面、ゲージ類以外には使用しない。
Ra　0.1	**非常に精密な仕上げ面：** コストは非常に高く、燃料ポンプのプランジャやシリンダなどに使用される。
Ra　0.2	**精密仕上げ面：** 水圧シリンダ内面や精密ゲージ、高速回転軸又は同軸受、メカニカルシール部などに使用される。
Ra　0.4	**機能上なめらかさを重要とする面：** 速い回転軸又は同軸受、重荷重面、精密歯車などに使用される。
Ra　0.8	**集中荷重を受ける面、軽荷重で連続的でない軸受面：** クランクピンや精密ねじ、シール摺動面などに使用される。
Ra　1.6	**良好な機械仕上げ面、はめあい部：** 軸受け挿入穴や弁と弁座の接触面、水圧シリンダなどに使用される。
Ra　3.2	**中級の機械仕上げ面、はめあい部：** 高速で適当な送り良好な工具による旋削、研削で得られる。精密な基準面などの取り付け面の仕上げや軸受け挿入穴などに使用される。
Ra　6.3	**経済的な機械仕上げ面：** 急速送りの旋削、フライス、シェーバ、ドリルで得られる。一般的な基準面などの取り付け面の仕上げに使用される。
Ra　12.5	**重要でない仕上げ面、非接触面：** 他の部品と接触しない荒仕上げ面などに使用される。
Ra　25	**寸法的に差し支えない荒仕上げ面、非接触面：** 鋳物などの黒皮をとる程度の仕上げ面に使用される。

4-7-3　表面性状記号の図面指示

　表面性状の図示記号は、投影図の外形線かその延長線上にある寸法補助線、あるいは引き出し線に接し、図面の下辺または右辺から読めるように向けます（**図4-30 a**）。

　この記号は、部品実体の表面側に向けて指示しなければいけません（**図4-30 b**）。

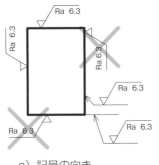

a）記号の向き　　　　b）指示する方向の誤り

図4-30　表面性状記号の向き

　基本記号に円を付けると、その投影図の全周の表面に適用することを意味します。このとき、投影図の手前と裏の面は適用されませんので注意してください（**図4-31**）。全周記号は、溶接記号や面の輪郭度などの幾何公差にも同様に使用されます。

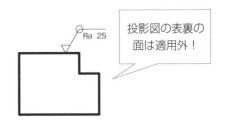

図4-31　全周記号

　大部分の表面が同じ表面性状の場合、正面図の近辺にその図示記号を示し、部分的に異なった表面性状が別に存在することを括弧で囲んだ基本図示記号で表します（**図4-32**）。

　あるいは括弧で囲んだ基本図示記号の代わりに、図中で示した種類の表面性状記号を記入しても構いません。

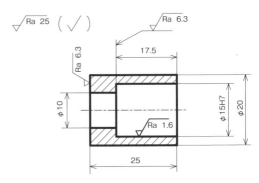

図4-32　大部分の表面が同じ表面性状の場合

φ(@°▽°@) メモメモ

加工と表面粗さの関係

　加工のツールや装置によって表面粗さの数値が決まる場合があります。特徴のあるものを確認してみましょう。

名称	指示例	写真	備考
ドリル	10 キリ		「キリ」と指示した場合は、ドリルで加工するため表面性状はRa25と判断されます。したがって表面性状の記号は省略します。
リーマ	10 リーマ		「リーマ」と指示した場合は、リーマで仕上げるため表面性状はRa1.6と判断されます。したがって表面性状の記号は省略します。写真はブローチリーマです。
研削盤	Ra 0.8 または Ra 0.4	平面研削盤／砥石	一般論として、Ra0.4〜0.8を指示した場合、研削加工になると考えます。研削盤で加工すると工数が増え大幅なコストアップになります。機能上、本当に必要かどうか確認しなければいけません。

第4章のまとめ

第4章で学んだこと
　公差を表示しない寸法数値にも普通寸法公差が適用され、公差の数値はグレーゾーンで決めるしか手段がないことを知りました。また、公差域クラスの記号や表面性状の表し方などを学びました。

よくやる間違い例
◆寸法指示の悪い例と改善例（関連する寸法をまとめて指示できる投影図を選ぶ）

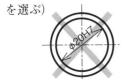 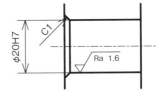

円を正面から見た図は、面取り寸法と粗さ記号を忘れやすい　　　側面から見た図では、直径寸法、面取り、粗さ記号の3点セットで記入できる

◆表面粗さ記号の忘れ易い場所と改善例（円筒端面の粗さを忘れやすい）

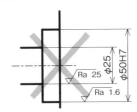 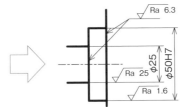

◆加工方法を示した寸法の解釈
　　例）「10キリ」‥‥キリという文言に「φ」と「Ra 25」を含むため併記不要
　　　　「10リーマ」‥‥リーマという文言に「φ」と「Ra 1.6」を含むため併記不要

次にやること
◇組立図からその部品の機能を理解しなければ、設計意図を寸法や寸法公差、表面粗さとして表現することはできません。
◇寸法を記入する際に最初にすることが基準を見つけることです。次章ではその基準からどのように寸法を配列すればよいか、手順を理解しましょう。

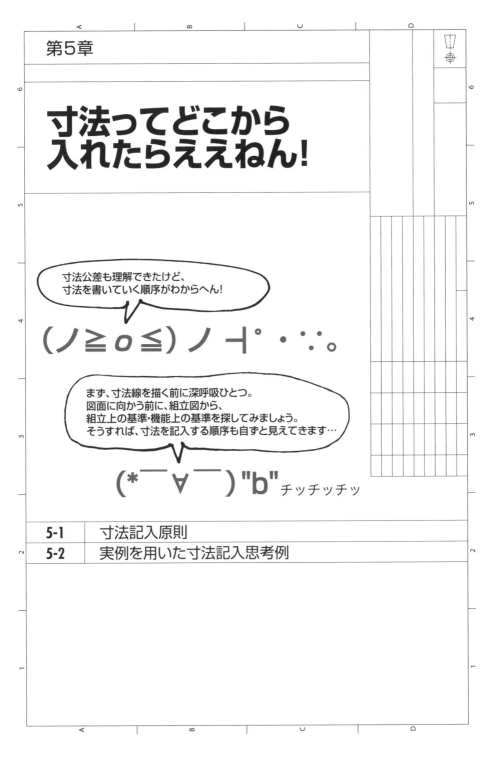

第5章 1 寸法記入原則

寸法記入の一般原則
① 寸法は、対象物の大きさ、姿勢及び位置を明確に表すのに必要で十分なものを記入する。
② 図面に示す寸法は、特に明示しない限り、その図面に図示した**対象物の仕上がり寸法を示す**。
③ 寸法は、なるべく正面図に集中する。
④ 寸法は、必要に応じて基準とする点、線または面を基にして記入する。
⑤ 対象物の機能上必要な寸法（機能寸法）は必ず記入する。
⑥ 寸法は、なるべく工程ごとに配列を分けて記入する。
⑦ 関連する寸法は、なるべく1ヵ所にまとめて記入する。
⑧ 寸法は、重複（ちょうふく）記入を避ける。
⑨ 寸法は、なるべく計算して求める必要がないように記入する。**参考寸法については、寸法数値に括弧をつける。**
⑩ 寸法には、**機能上必要な場合、寸法の許容限界（寸法公差）を指示する。**

寸法を記入する場合、単純に端から順番に寸法を記入してはいけません。

上記の「寸法記入の一般原則」が、寸法を記入する上で最も重要なことです。何度も読み返し理解しましょう。

| 第5章 | 2 | 実例を用いた寸法記入思考例 |

それでは、実際に寸法を記入していく手順を詳しく説明していきましょう。
図5-1に示す駆動連結台の本体の図面を描いてみましょう。

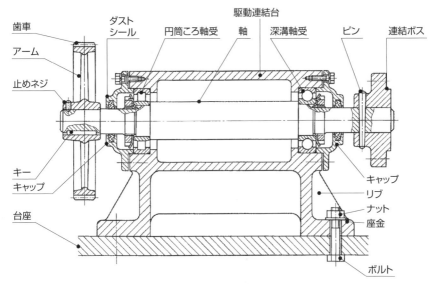

図5-1　駆動連結台組立図

上記の組立図から、この駆動連結台の機能について、情報をまとめてみましょう。
1. この駆動連結台は台座にボルトナットで固定される。
2. 駆動連結台の左右に挿入された2つの軸受によって軸が支持されている。
3. キャップは軸受を押し付けることを優先し、キャップのフランジ面はわずかな隙間を空けてボルトで固定されている。
4. 軸の左側に歯車が取り付けられ、右側に連結ボスが配置されている。歯車の噛み合いを保証するために軸の高さは重要である。
5. 角隅の丸み形状から、駆動連結台は鋳物（いもの）で製作されるとする。

図面を描く前に、その部品の機能や設置状況をまとめると、寸法の入れ方がわかるかも…

図5-2　駆動連結台の3Dモデル

組立図から駆動連結台だけを取り出して、2次元の図面にしてみます。
やっと、第2章で学んだテクニックを、発揮できる場面になりました。
投影図の表し方におけるJIS一般原則を思い出してみましょう！

最も対象物の情報を与える投影図を正面図とします。
そこで、組立図から類推すると、組立図に示された方向が、最も駆動連結台の特徴を表していると判断できます。
正面図が決定したので、3面図に展開すると、**図5-3**のようになります。

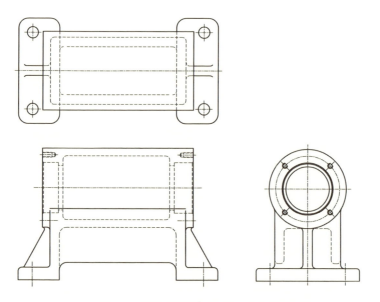

図5-3　駆動連結台の外形を表した投影図

さて、図5-3の投影図で本当によいのでしょうか？
正面図には隠れ線ばかりで、見やすい図面とはいえません。
図5-4に示すように、モデルを断面にしてみると、外形と内側が一度に理解できますね。また、この部品は、ほぼ左右対称形状の単純な部品ですから、もう少し製図のテクニックを使って、投影図をシェイプアップできるはずです。

第2章で示した「投影図の表し方」を思い出してください。
- 完全に対象物を規定するのに必要かつ充分な投影図や断面図の数とする
- 可能な限り隠れた外形線やエッジを表現する必要のない投影図を選ぶ

図5-4　駆動連結台の断面モデル

以上のことを踏まえて、まず必要最小限の投影図を作成し、そこに寸法を入れていく手順を紹介していきます。

これから紹介する手順はあくまで、ひとつの例であることを留意しておいてください。
紙面上で説明するため、シーケンスに寸法記入の手順を紹介しますが、実際は全体のバランスを考えながら、寸法をできるだけ見やすく配置し、寸法漏れがないかチェックしながら、様々なところに気を配って　作図しなければいけません。

1) 理解しやすく必要十分にまとめた投影図の決定

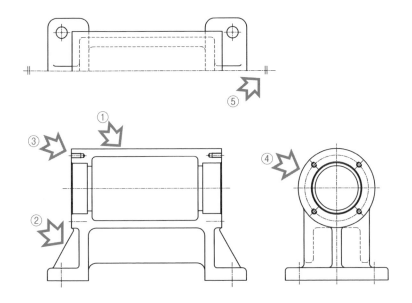

図5-5　理解しやすく必要十分にまとめた投影図の決定

①正面図を全断面図とすることで、隠れた形状を見えるように工夫します。
②正面図において、リブを断面にすると、図5-4のモデルのように平坦に見えますが、図2-18で解説したように、リブは断面にせず、外から見た形状で表します。
③正面図にねじの断面が見えていますが、右側面図のねじの位置と違っています。これは図2-25で解説したように、ピッチ円上の穴の断面はピッチ円の端部に描き、かつ片方のみを図示することに従っているのです。
④右側面図と左側面図は同じ投影図になるため、図3-31で解説したように〝面Aと同じ〟という指示法を使えるため、左側面図は省略します。
⑤平面図は上下対称形状となることから、紙面の節約のために対称図示記号を用いて下半分を省略します。

これで、すっきりした投影図になりましたね。
　右側面図も左右対称形状であることから半分を省略するなど、まだまだ製図のテクニックを使う余地はありますが、第三者にとってイメージしにくい投影図を描くと、勘違いによる加工ミスの原因にもなるので、ほどほどにしなければいけません。

2）寸法記入する前の前提条件を一括指示

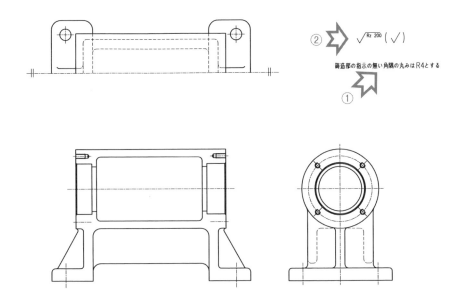

図5-6　図を煩雑にしないための一括指示の活用

　寸法を記入する前に、図面をシンプルに見やすくするために一括指示を利用します。

①本品は鋳物部品であるため、鋳肌部の角隅には丸みがつきます。この丸みは、一般的に統一した数値で設計することが多いため、注記として一括指示することで個別の寸法指示を省略することができます。これによって図面が簡素化され、丸みの寸法漏れの確率も少なくなります。指示に用いる言葉は、誤解を生じなければ、どのように表記しても問題ありません。例えば次のように記入することもできます。
「鋳肌部の指示なき角隅はR4とする。」
「指示の無い鋳物部の角や隅の丸みはR4とする。」
「切削加工部以外の角隅の丸みはR4とする。」　など・・
②①項の角隅部の丸みと同じで、全ての面に表面性状記号を付与すると煩雑になってしまいます。そこで、表面性状の一括指示により、最も使用頻度の高い粗さ記号を投影図の近辺に指示しておきます。本例では、鋳肌面が最も多いため、鋳肌の粗さを、加工してもしなくてもよいという記号で表現しています。

3) 機能的に重要な基準寸法を記入する

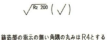
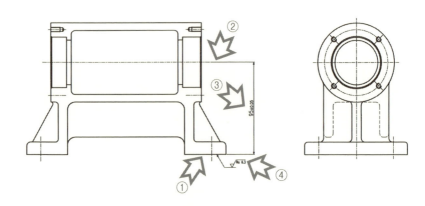

図5-7　機能的に重要な寸法の記入

　一つ目の寸法を記入するとき、皆さんはどこから寸法を記入しますか？
　答えは「基準から寸法を記入し始める」ことです。基準とは、取り付け面であったり、位置決め穴であったり、軸を挿入する穴などのことです。
①部品が機能するためには、まず取り付けありきです。最初にどの面が取り付け面かを探さなければいけません。
②次に、その他の機能的に重要な基準として、軸が貫通する中心線があります。取り付け面からこの中心線の高さ精度が悪いと歯車のかみ合わせが悪くなり、異音や磨耗といった不具合が発生する恐れが考えられます。
③したがって、取り付け基準と機能する基準の高さを重要寸法として、最初に記入しておく必要があります。また、歯車とのかみ合わせがあることから、寸法公差が必要になることが理解できると思います。(公差の数値は、参考例です)
④取り付け面は機械加工面ですから、必ず表面性状を記入しなければいけません。取り付けという機能をもった接触面であるため、経済的に滑らかな面を得られる「Ra 6.3」を表面性状の図示記号を用いて指示します。

※JIS B 0420-1:2016の「解説」により、位置の公差に対して幾何公差を使うべきという指針が出ましたので、位置の公差を幾何公差で表現した図例のリンクを、ラブノーツ社のサポートページに掲載しています。
http://www.labnotes.jp/suport_zumen_2han.html

4) 機能軸に関連する外郭形状の寸法を記入する

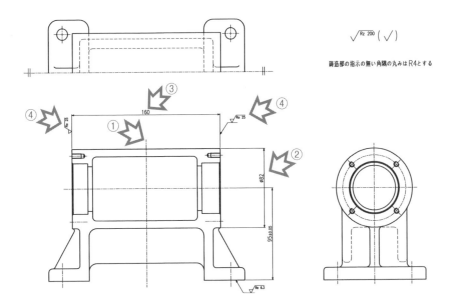

図5-8　機能軸に関連する外郭形状の寸法記入

　機能する中心線が決定したので、中心線周辺の外郭形状から寸法を記入していきましょう。
　この外郭形状は、右側面図より円筒形状であることがわかります。

① 正面図は、ほぼ左右対称であるため、中心振り分け寸法を記入できるよう、正面図中央に中心線を記入します。
② この円筒形状は、右側面図を見ても明らかなように180°を超える円形になっているので、直径の寸法として「φ82」を記入します。
③ 次に、"ではその円筒の長さは?" と自分に問いかけてみます。円筒長さを中心振り分け寸法として「160」と記入します。
④ この160mmの両側面は機械加工されるので、表面粗さの記号が必要です。組立図を確認すると、両端に取り付けられるキャップは側面に接触せず、わずかに隙間が空いていることがわかります。従って、これら面の粗さは重要ではないと判断し、それぞれに粗削り（あらけずり）でもかまわないという意味で「Ra 25」と記入します。

第5章　寸法ってどこから入れたらええねん!

5) 機能軸に関連する内側形状の寸法を記入する

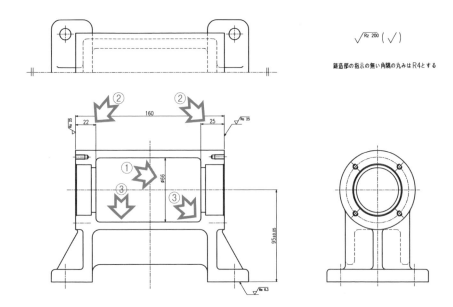

図5-9　機能軸に関連する内側形状の寸法記入

次は、円筒部の内側に着目して寸法を記入していきます。

①まずは、機械加工されない鋳肌でできた空洞部に寸法を記入します。この空洞部は円筒なのか四角い形状なのか3つの投影図を見る限り判断はできません。一般的に鋳物は均等な肉厚をもつよう設計するため、外側が円筒であれば内側も円筒と考えるのが普通です。ということで、空洞部は直径の寸法として「φ66」と記入します。

②空洞部の直径が決まったので、"次にその長さは?" と自問してみます。この長さを確認してみると左右対称ではないため、残念ながら中心振り分け寸法が使えません。第三者に対して左右の長さが違うことを促す意味でも、右端面から空洞部までの奥行き寸法「25」、左端面から空洞部までの奥行き寸法「22」と記入します。

③この空洞部にはエッジがないことから、鋳物として形状が作られていると判断します。したがって角の丸みの寸法は、先に注記として一括指示した「R4」と同じ大きさであるため、角の丸みは記入しません。同様に表面粗さも一括指示しているため、表面性状も記入しません。

6) 機能軸に関連する重要寸法（1）を記入する

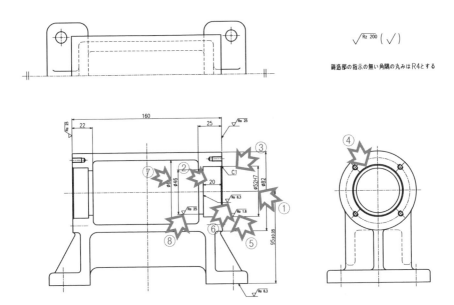

図5-10　機能軸に関連する重要寸法（1）の寸法記入

　次に機能を出すための重要な寸法（機械加工部）のうち、右側の穴に着目し寸法を記入します。この穴は、右側から加工されます。

① 右側の穴には深溝玉軸受（ボールベアリング）が挿入され、奥に押し当てて固定されています。軸受の組み立て性を考慮し手で簡単に挿入でき、かつ精度よくはめあわせのできる"すきまばめ"とするために、公差域クラスの記号を寸法に続けて「φ52H7」と記入します。しかし、使用条件や設計意図によって、この公差値は変化することを留意しておいてください。
② 穴の直径が決まり、"じゃ、奥行きは?"　と自問し、奥行き寸法「20」を記入します。
③ 穴の入口に軸受の挿入性を向上するための面取りがあるので、「C1」を記入します。
④ 面取りを丸く見える方向から見たときに面取りの外形線を記入することを忘れることが多いので留意しておきましょう。
⑤ 軸受が入る円筒面の粗さは、はめあいであるため滑らかな「Ra 1.6」を指示します。
⑥ 軸受の端面が押し当たる垂直面も接触面ですが、厳しい公差が与えられているわけではないため、「Ra 6.3」とします。

⑦軸受の奥にある穴は、軸受を当てる面を形成している逃がし穴であり、軸も接触しないことから重要な寸法ではありません。従って、その直径は寸法公差を必要としない「φ46」を記入します。この穴は貫通であるため奥行きの寸法は記入しません。なぜなら、この穴は鋳物の空洞部につながっており、前項で指示した「25」の奥行きで指示されているからです。

⑧円筒面の表面性状は、非接触面であるため、粗くてもかまわない「Ra 25」とし、この穴が重要な穴ではないことを表現します。

☞ 表面性状の滑らかさでその面の重要性を表す

7) 機能軸に関連する重要寸法（2）を記入する

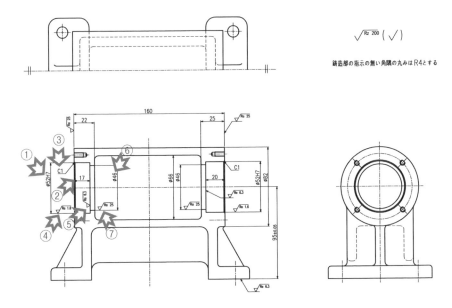

図5-11　機能軸に関連する重要寸法（2）の寸法記入

　次に機能を出すための重要寸法（機械加工部）のうち、左側の穴に着目し寸法を記入します。この穴は、左側から加工されます。

①左側の穴には円筒ころ軸受が挿入され、奥に押し当てて固定されています。この穴も軸受挿入の穴であるため、公差域クラスの記号をつけて「φ52H7」と記入します。
②直径が決まり、"じゃ、奥行きは?" と自問し、奥行き寸法「17」を記入します。
③こちらの穴の入口にも面取りが施されているので、「C1」を記入します。
④軸受が入る円筒面の粗さは、はめあいであるため滑らかな「Ra 1.6」を指示します。
⑤軸受の端面が押し当たる垂直面も接触面のため、「Ra 6.3」とします。
⑥軸受の奥にある穴は逃がし穴であるため、寸法公差を必要としない「φ46」を記入します。この穴は貫通であるため奥行きの寸法は記入しません。なぜなら、この穴は鋳物の空洞部につながっており、前項で指示した「22」の奥行きで指示されているからです。
⑦円筒面の表面性状は、非接触面であるため、「Ra 25」とします。

8）機能軸に関連する重要寸法の周辺寸法を記入する

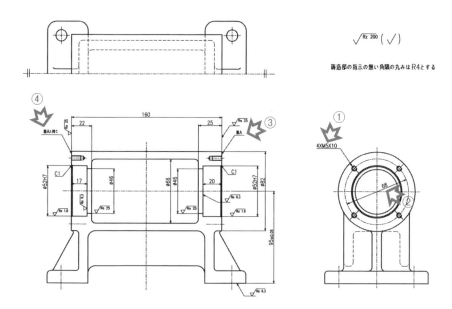

図5-12　機能軸に関連する周辺寸法の記入

次に円筒部端面のねじ穴の寸法を記入します。

① 円筒端面にあるねじ穴の寸法を記入します。円筒の片面にメートル並目ねじ5mmが4箇所あり、正面図のねじの断面図からねじの有効長さ10mmがわかります。正面図にねじの寸法を記入することもできますが、4つのねじの位置関係も一緒に表すことができる右側面図に、「4×M5×10」と記入します。下穴深さは特に指示しなくても奥行きに余裕がありますので、記入はしません。下穴深さは、"有効深さ＋ねじピッチの3倍程度"の深さで作図します。下穴深さを寸法で指定する場合は、「4×M5×10／φ4.2×12.5」のように表記します。また、機能上特別に必要な場合を除いて、ねじ部の表面粗さは「Ra 25」相当と判断されるため表面性状は記入しません。

② 次に、この4つのねじの位置関係の寸法を記入します。4つの穴はピッチ円上に配置されているので、ピッチ円の直径「68」を記入します。ここで、JIS製図では円を正面から見た図において、両端に端末記号（矢印）がある場合は、直径の記号「φ」を省略しなければいけないことを思い出しましょう。

また、投影図から4つのねじの位置関係は斜め45°に等分配置されていることがわかるため、角度寸法は省略します。角度寸法を省略することに抵抗がある人は

角度寸法「45°」を1箇所だけ記入してもよいでしょう。
③円筒部の左側も、ねじが同じように配列されています。ねじは右側と同じ個数と配置であることを示すため、まず正面図の円筒右側面に、「面A」と記入します。
④正面図の左側面に「面Aと同じ」と記入すれば、M5×10mmのねじが4箇所あり、配列も同じであることが表せるので、左側の投影図とねじの寸法を省略することができます。指示する文言に特に規定はなく、誤解のないわかりやすい言葉を用いるとよいでしょう。

9) 取り付けに関連する形状の寸法を記入する

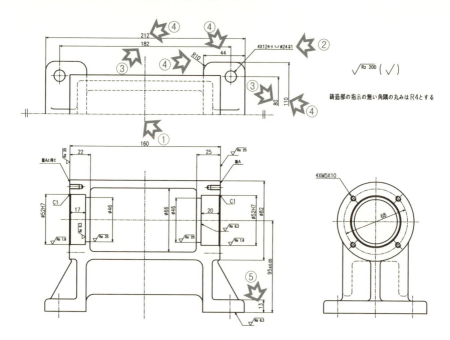

図5-13　取付けに関連する形状の寸法記入

本品を台座に取り付けるための足の部分の寸法を指示します。

①平面図に取付け穴が2つ見えますが、片側を省略しているので全部で4つの穴があります。取付け穴は左右対称に配置されているので、まず中心線を追加します。
②この穴はボルトを通すだけのためキリ穴として表記するので表面性状は省略します。また取り付け足の上面はワッシャが接触する面になるので、ざぐりによって鋳肌面を1mm程度削って平坦に加工します。よって、寸法表記は、「4×12キリ ⌴φ24 ▽ 1」と表します。黒皮を取る程度の浅いざぐりは、その外形を表す形状線や表面性状を省略します。
③水平方向の取付け穴のピッチを「182」と記入します。垂直方向の穴ピッチは、投影図を省略する前の距離を記入すべきなので、「80」として寸法線の片方の矢を消します。
④取り付け足の外形形状として、水平方向の寸法「212」と垂直方向の寸法「110」、左右に分割されている足の幅「44」と角の丸み「R10」をまとめて記入します。
⑤正面図に足の厚み「13」と記入し、取り付け足に関連する形状寸法を完了させます。

10）接続部の形状の寸法を記入する

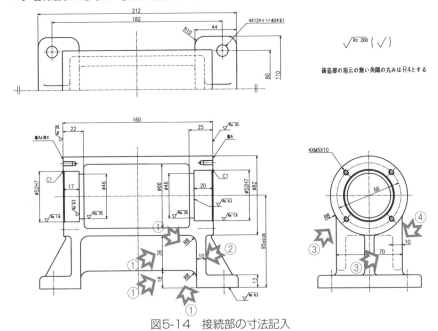

図5-14　接続部の寸法記入

　次に、円筒部と取り付け足を接続する部分の寸法を記入していきましょう。この接続部は、平面図と右側面図にかくれ線で表されているとおり、四角い形状であることがわかります。

①正面図に見える左右に分かれた取り付け足の中間にあるくりぬき部分の高さ寸法として「18」と「36」を記入します。隅部の丸みは代表で一括指示した丸みより大きいため、丸みの寸法としてそれぞれに「R8」を記入します。

②鋳物は一般的に肉厚を均等になるよう設計するため、左右の接続部の肉厚を表すために、右側だけに「10」と記入し、左側は省略して同じであることを示します。

③次に、右側面図において、接続部の外側の幅を中心振り分け寸法で「70」と記入します。この横幅の形状は重要ではない寸法なので内側の寸法を記入しても問題ありませんが、かくれ線に寸法を記入したくないという理由から外側の寸法を記入しています。円筒部との合流部の丸みに「R8」を記入します。

④側面から見た接続部の肉厚も②項と同じ肉厚であるため右側だけに「10」と記入し、左側は省略して同じであることを示します。

第5章　寸法ってどこから入れたらええねん！

11）リブの形状の寸法を記入する

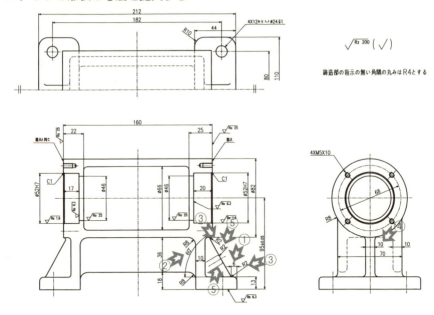

図5-15　リブの寸法記入

　最後に取り付け足を補強するリブの寸法を記入します。リブは機能上、寸法精度を必要としないため、「ここを基準に寸法を記入しなければいけない」という決まりはありません。
　左右に同じ形状のリブが存在するため、片側だけに寸法を集中することで、もう一方も同じであることを伝えます。

①このリブは鋳物のままで形成されるため、関連する寸法も同じ鋳肌面から寸法を引き出すとよいでしょう。したがって、リブの斜面の始点を最初に決定し、取り付け足の鋳肌の端面から寸法「6」を記入します。
②この始点から斜面の角度寸法「60°」を指示します。角度寸法を指示すれば、その先は円筒部にぶつかるところが終点となり、始点と角度の2つの寸法だけでリブの形状を表すことができます。このように機能上、あまり重要でない形状は角度やXY座標値など寸法の記入しやすい方法を選ぶとよいでしょう。
③リブの両端の合流部の丸みは、注記で一括指示した丸みより小さいため、その丸みの寸法を「R2」と記入します。
④リブの厚みは右側面図に実形が表されているので、右側面図に「10」と記入します。

⑤このリブは傾斜しているため、平面図や右側面図にリブの角の丸みが表れません。そこで回転図示断面図として細い実線を用いてリブの断面形状を表し、角部の丸みの寸法を「R2」と記入します。

　以上で、この駆動連結台の図面が完成です。
　設計意図を表す寸法を記入するためのポイントはロジック（論理）で考えることです。寸法基準を決め、機能上のばらつきを最小限にするために寸法配列に気をつかい、誤作を防ぐために関連する寸法をまとめて記入することを心がければ、自然に図面が完成するのです。
　寸法漏れを防ぐ唯一の手段が、設計者自分が加工者となった気持ちで寸法を記入しチェックすることです。もちろん、設計者は加工については素人ですから、実際の加工と手順が異なっていても問題ありません。

　設計や製図をする人にとって気になるのが寸法漏れです。寸法漏れは設計者という視点をやめて、第三者の立場で図面を見てみるとよいのです。
　たとえば、ある形体の直径がわかれば、加工者は
・直径に公差があるか？
・円筒面の表面性状はどの程度か？
・入口に面取りは必要ないのか？
・その形状の奥行きは？
・奥行きに公差はあるか？
・奥行きの突き当たりにある面の表面性状はどうする？
・その形体と関連する寸法はどれなのか？
など、加工者にとって必要な情報を探さなければ、加工できませんよね(^。^)

☞　寸法記入は、論理と自問自答

第5章のまとめ

第5章で学んだこと
　実例を用いて、寸法を記入していく過程を、そのときの設計者の思考と合わせて理解しました。それぞれの寸法に理由があり関連があること、重要度の高い形体から寸法を記入していくテクニックを学びました。

よくやる間違い例
◆機能を考えず、関連する寸法をまとめずに寸法を記入した悪い例

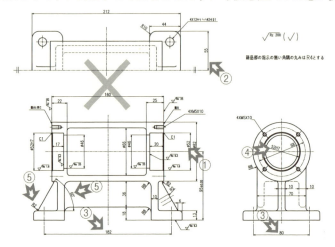

①重要寸法に寸法公差を記入し忘れている。
②片側省略図の寸法を中心線から引き出している。
③側面から見た中心線に寸法を記入すると、何の形状の寸法なのか理解しづらい。
④円が丸く見える方に直径寸法を記入すると、面取りや粗さをまとめて描けない。また、正面図の寸法と重複している。
⑤左右に同じ形状が配置される場合、片側にまとめず左右に分散して記入すると形状が共通なのか寸法漏れなのかが曖昧になる。

次にやること
◇この章までで、概ね図面の描き方がわかってきたと思います。最低限の記入法は習得しましたので、さらに高度なテクニックを身につけましょう。

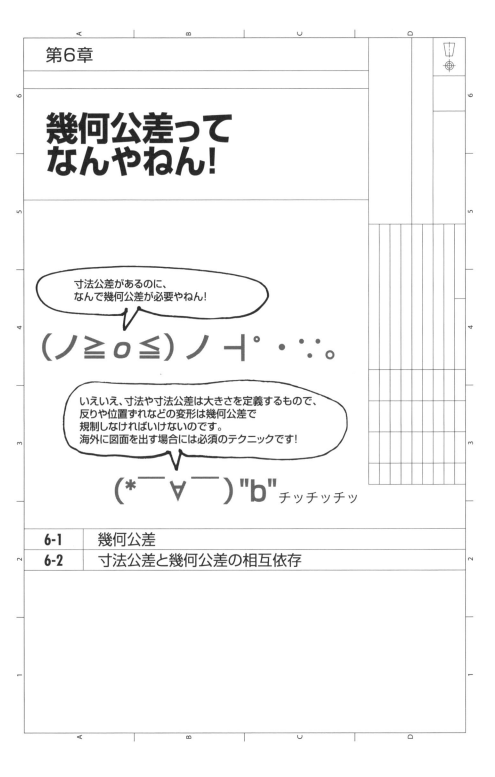

第6章 1 幾何公差

6-1-1　幾何公差(きかこうさ)とは

幾何公差（基本概念）

　　幾何公差とは、形体が含まれる公差域のことである。
　　形体とは、表面、穴、溝、ねじ山、面取り部分または輪郭のような加工物の特定の特性の部分であり、これらの形体は、現実に存在しているもの（例えば、円の外側表面）または派生したもの（例えば、中心線または中心平面）である。
　　特に指示した場合を除いて、公差は対象とする形体の全域に適用する。

　幾何公差って聞くだけで、「ちょっと・・」と尻込みしてしまいがちですが、寸法や寸法公差は大きさを定義するのに対し、幾何公差はカタチを定義することがわかれば簡単です。

　大きさとは、長さや幅、直径など実際の大きさを指し、2点間距離があるべき大きさからのばらつきを意味します。
　カタチとは、反りや角度ずれ、位置ずれなどを指し、そのカタチがあるべき形状からの変化の度合いを意味します。

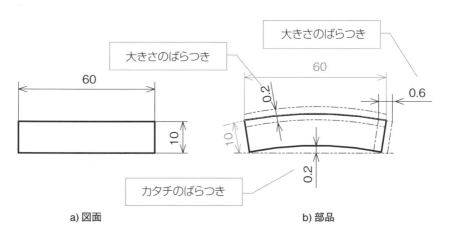

図6-1　大きさのばらつきとカタチのばらつき

たとえば、位置のばらつきを寸法公差と幾何公差で表した場合を比較してみましょう。

穴位置を寸法公差で表した場合：

面Aと面Bを基準にして2つの穴の位置を、寸法公差を用いて表した図があります。それぞれの基準面に対する2つの穴の中心線のばらつきは、一辺が0.2mmの四角い領域となります（図6-2）。

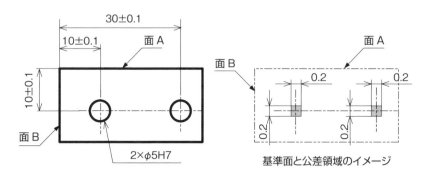

図6-2　寸法公差による指示とその公差領域

穴位置を幾何公差で表した場合：

同じ形状を幾何公差の「位置度」を用いて指示した図があります。それぞれの基準面に対する2つの穴の中心線のばらつきは、直径が0.2mmの円の領域となります（図6-3）。

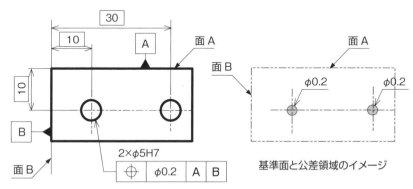

図6-3　幾何公差による指示とその公差領域

上記の2つの公差領域を比べると、公差の領域の形状が少し違うだけで、大して違いはないじゃないかと思うかもしれません。
しかし、寸法指示と幾何公差指示では大きな違いがあるのです。

1）測定の解釈

寸法を測定する場合、基準から対象となる形体までの2点間の距離を測ります。したがって、基準面に反りやうねり、相対角度のずれがあると、どこを基準に測定するのが正解か判断に困ります。そう！ 最大の問題点は、XYZの座標が存在しないという点です（図6-4 a）。

幾何公差を測定する場合、データムとして指示されている面にゲージを順序に従い直交させて押し当てることで座標が決まります。その座標面（ゲージ面）からの距離を測定するため、測定の曖昧さが極めて小さくなるというメリットがあります（図6-4 b）。

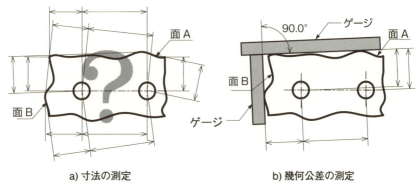

a) 寸法の測定　　　　b) 幾何公差の測定

図6-4　寸法測定と幾何測定の違い

2）領域の考え方

寸法は通常、図面上のXY座標にならって記入するため、公差領域は四角い形状にしかなりません。幾何公差は、指示の仕方によって公差領域は円や四角い領域にできます。

0.2mm角と0.2mm円では同じ数値ですが、四角い形状の場合、対角線上の0.28mmまで許容するため、方向によって領域が変化し不公平となります。対角線上の0.28mmまで許容するのであれば、XY座標でも0.28mmを許容できるはずです。そこで、円の領域を使うことができる幾何公差を使うと、逆に許容できる範囲を増やせるというメリットがあるのです（図6-5）。

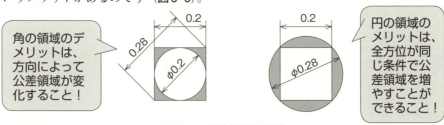

図6-5　公差領域の矛盾

6-1-2　幾何特性の種類

　ある部品が、図面上で直線、円あるいは平面で示されている場合、加工者はこの部分をできるだけ正しい直線、円あるいは平面に加工しようとします。

　ところが、完全に正しい形状（幾何学的に正しい直線、円、平面など）に仕上げることは不可能なのです。そこで、どの程度まで正しく仕上げたらよいか、逆にいえば、どの程度までの狂いであれば許されるのかが問題となってきます。

　幾何公差方式とは、このような問題に完全なよりどころを与えるために考案されたもので、対象物の形状や位置の狂い（これらを幾何偏差という）に明確な定義を与え、その幾何偏差の許容値(幾何公差という)の表示並びに図示法について定めたものです。

　JISに定められた幾何偏差は、それぞれの特徴によって、4つのグループに分類されます（**図**6-6）。個別の幾何特性を**表**6-1に示します。

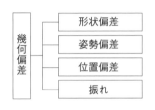

図6-6　幾何偏差の分類

表6-1 幾何特性の種類

幾何特性の種類		記号	定義	データム表示
形状偏差	真直度	―	直線形体の幾何学的に正しい直線からのひらきの許容値。	否
	平面度	▱	平面形体の幾何学的に正しい平面からのひらきの許容値。	否
	真円度	○	円形形体の幾何学的に正しい円からのひらきの許容値。	否
	円筒度	⌭	円筒形体の幾何学的に正しい円筒からのひらきの許容値。	否
	線の輪郭度	⌒	理論的に正確な寸法によって定められた幾何学的輪郭からの線の輪郭のひらきの許容値。	否
	面の輪郭度	⌓	理論的に正確な寸法によって定められた幾何学的輪郭からの面の輪郭のひらきの許容値。	否
姿勢偏差	平行度	∥	データムまたはデータム平面に対して平行な幾何学的直線または幾何学的平面からの平行であるべき直線形体または平面形体のひらきの許容値。	要
	直角度	⊥	データム直線またはデータム平面に対して直角な幾何学的直線または幾何学的平面からの直角であるべき直線形体または平面形体のひらきの許容値。	要
	傾斜度	∠	データム直線またはデータム平面に対して理論的に正確な角度をもつ幾何学的直線または幾何学的平面からの理論的に正確な角度をもつべき直線形体または平面形体のひらきの許容値。	要
	線の輪郭度	⌒	データム軸直線またはデータム面からの理論的に正確な角度を持ち、かつ理論的に正確な寸法によって定められた幾何学的輪郭からの線の輪郭のひらきの許容値。	要
	面の輪郭度	⌓	データム軸直線またはデータム面からの理論的に正確な角度を持ち、かつ理論的に正確な寸法によって定められた幾何学的輪郭からの面の輪郭のひらきの許容値。	要
位置偏差	位置度	⊕	データムまたは他の形体によって定められた理論的に正確な位置からの点、直線形体、または平面形体のひらきの許容値。	要・否
	同心度	◎	同心円公差は、データム円の中心に対する他の円形形体の中心点の位置のひらきの許容値。	要
	同軸度	◎	同軸度公差は、データム軸直線と同一直線上にあるべき軸線のデータム軸直線からのひらきの許容値。	要
	対称度	≡	データム軸直線またはデータム中心平面に関して互いに対称であるべき形体の対称位置からのひらきの許容値。	要
	線の輪郭度	⌒	データム軸直線またはデータム面からの理論的に正確な位置にあり、かつ理論的に正確な寸法によって定められた幾何学的輪郭からの線の輪郭のひらきの許容値。	要・否
	面の輪郭度	⌓	データム軸直線またはデータム面からの理論的に正確な位置にあり、かつ理論的に正確な寸法によって定められた幾何学的輪郭からの面の輪郭のひらきの許容値。	要・否
振れ	円周振れ	↗	データム軸直線を軸とする回転体をデータム軸直線のまわりに回転したとき、その表面が指定された位置または任意の位置において指定された方向に変位する許容値。	要
	全振れ	↗↗	データム軸直線を軸とする回転体をデータム軸直線のまわりに回転したとき、その表面が指定された方向に変位する許容値。	要

6-1-3　データム

データム (Datum)
データムとは、「形体の姿勢偏差、位置偏差、振れなどを決めるために設定した理論的に正確な幾何学的基準」とJISで規定されています。

　データムとは基準を意味し、作業担当者の視点によって次のように定義されます。
・設計者の視点・・・取り付け面や位置決め穴、回転軸を受ける穴、摺動面など
・加工者の視点・・・加工の基準となる面や穴など
・検査者の視点・・・定盤やゲージなどを当てる面や穴など
　データムは、三角記号とアルファベットの大文字を四角で囲った枠を結んで表します。データムの三角記号の△と▲に違いはありません（**図6-7**）。

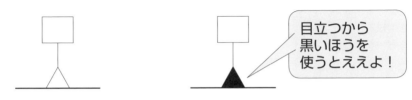

図6-7　データム記号

　中心線または中心平面、もしくは中心点にデータムを指示する場合、該当する形体の寸法線の延長線上にデータム記号を付けます（**図6-8 a**）。
　表面あるいは母線にデータムを指示する場合、該当する形体の寸法線の位置と明確に離して、形状線上または寸法補助線上にデータム記号を付けます（**図6-8 b**）。

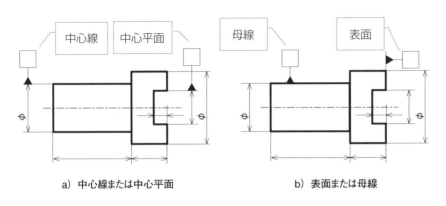

a) 中心線または中心平面　　　　b) 表面または母線

図6-8　データムの配置と意味

6-1-4　公差記入枠

幾何偏差として要求される事項は、2つまたはそれ以上に分割した長方形の枠の中に記入します。この長方形の枠を「公差記入枠」といいます（図6-9）。

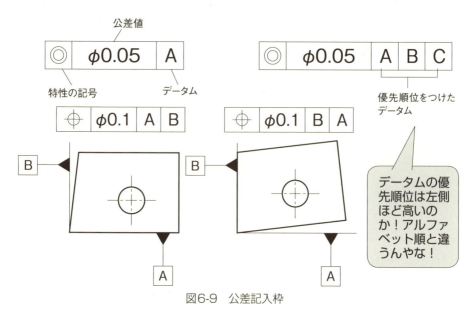

図6-9　公差記入枠

中心線または中心平面、もしくは点に幾何公差を指示する場合、該当する形体の寸法線の延長線上に指示線の矢を当てます（図6-10 a）。

表面や母線に幾何公差を指示する場合、該当する形体の寸法線の位置と明確に離して、形状線の上あるいは寸法補助線の上に指示線の矢を当てます（図6-10 b）。

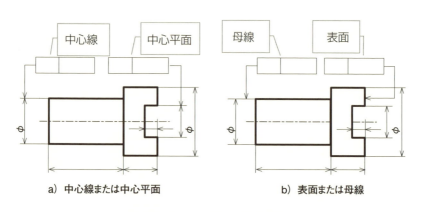

図6-10　指示線の配置と意味

6-1-5　普通幾何公差

　普通幾何公差はJIS B 0419に規定され、主として機械加工される形体に適用されます。

　普通幾何公差は、真直度、平面度、直角度、対称度および円周振れの公差について規定されます。

　普通幾何公差の考え方は、第4章で述べた「寸法の普通許容差」と同様に、個々の工場で通常得られる加工精度を考慮し、等級が決定されています。

　14種類の幾何特性がありますが、全ての幾何特性に普通幾何公差が存在するわけではないので下表を確認しておきましょう。

表6-2　真直度及び平面度の普通幾何公差

公差等級	呼び長さの区分					
	10以下	10より上 30以下	30より上 100以下	100より上 300以下	300より上 1000以下	1000より上 3000以下
	真直度公差及び平面度公差					
H	0.02	0.05	0.1	0.2	0.3	0.4
K	0.05	0.1	0.2	0.4	0.6	0.8
L	0.1	0.2	0.4	0.8	1.2	1.6

表6-3　直角度の普通幾何公差

公差等級	短い方の辺の呼び長さの区分			
	100以下	100より上 300以下	300より上 1000以下	1000より上 3000以下
	直角度公差			
H	0.2	0.3	0.4	0.5
K	0.4	0.6	0.8	1
L	0.6	1	1.5	2

表6-4　対称度の普通幾何公差

公差等級	呼びの長さの区分			
	100以下	100より上 300以下	300より上 1000以下	1000より上 3000以下
	対称度公差			
H	0.5			
K	0.6		0.8	1
L	0.6	1	1.5	2

表6-5　円周振れの普通幾何公差

公差等級	円周振れ公差
H	0.1
K	0.2
L	0.5

6-1-6　公差域の定義

　幾何特性の種類と公差を適用する場所(指示線の矢を当てる位置)、ならびに寸法補助記号の有無によって、幾何公差の領域が異なります。

　公差を適用する形体は、この領域の中に存在すればどのような形体や姿勢であってもかまいませんが、特に指示が必要である場合、その性質を規制する指示を公差記入枠の中や下側に記入します。

　種々の幾何特性の定義と、それらの公差域の指示方法を次に示します。

形状偏差-1．真直度（しんちょくど）の指示例

　真直度は、その表面上の線や中心線が理論的に正確な真っ直ぐな線からどれだけ変形しているかを表す指標です。

　平面の表面に真直度を指示する場合、平面上の任意の1本の線分である母線が矢を当てた投影面を挟む0.1mm離れた平行な2直線間になければいけません。この場合、公差領域となる平行な2直線は必ずしも部品の底面と平行である必要はありません(図6-11 a)。

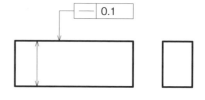

a) 平面の母線指示

　円筒面の表面に真直度を指示する場合、円筒面上の任意の1本の線分である母線が矢を当てた投影面を挟む0.15mm離れた平行な2直線間になければいけません。この場合、公差領域となる平行な2直線は必ずしも中心線と平行である必要はありません(図6-11 b)。

b) 円筒の母線指示

　円筒面の中心線に真直度を指示する場合、その中心線が直径0.1mmの真っ直ぐな円筒領域の間になければいけません(図6-11 c)。一般的に真直度はこのパターンで使用することが多いでしょう。

c) 円筒の中心線指示

図6-11　真直度の指示例

形状偏差-2．平面度（へいめんど）の指示例

　平面度は、その表面全体が理論的に正確な真っ平らな面からどれだけ変形しているかを表す指標です。

　平面度は、その表面のみが対象となるため、表面指示とします。**JISでは、中心平面に平面度を指示することは許されません。**

　形体の表面に平面度を指示する場合、矢を当てた投影面を挟む0.1mm離れた平行2面の間になければいけません。この場合、公差領域となる平行2面は必ずしも部品の底面と平行である必要はありません（図6-12 a）。

　特に必要がある場合、形体の性質を規制する指示は公差記入枠の下に記入します（図6-12 b）。

・中高を許さない
　英語表記：NC（Not Convex）
・凹面を許さない
　英語表記：NOT CONCAVE

　いくつかの離れた形体に対して、ひとつの公差域を適用する場合、公差記入枠の中の数値に続けて"CZ"を記入します。これはCommon Zoneの頭文字で共通領域を意味します（図6-12 c）。

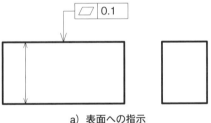
a）表面への指示

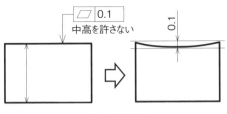
b）形体の性質指示

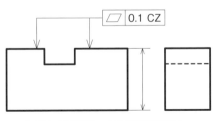
c）離れた形体に一つの公差域を指示

図6-12　平面度の指示例

> 分割された複数面に幾何公差を適用する場合は、指示線をそれぞれの面に当てなあかんで！

形状偏差-3. 真円度（しんえんど）の指示例

真円度は、その表面上の任意の断面の線が理論的に正確な真円からどれだけ変形しているかを表す指標です。

真円度は、任意の軸直角断面における外周円が対象となるため、母線指示となります。

円筒面の任意の軸直角断面における外周円が、同一平面上の0.1mmだけ離れた2つの同心円の間になければいけません（図6-13 a）。

真円度の公差領域は同心2円間の隙間の幅を示すので、領域が丸い形をしていますが勘違いして"φ"をつけないように注意しましょう。

任意の位置の軸直角断面における外周円は、同一平面上の0.08mmだけ離れた2つの同心円の間になければいけません（図6-13 b）。

真円度の特徴は、任意の位置の断面が真円であるかどうかを判定するため、テーパ形状のような直径の寸法が変化するものにも使うことができるのです。

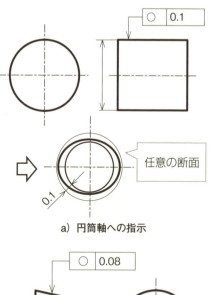

a) 円筒軸への指示

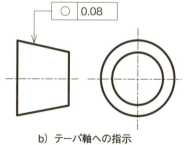

b) テーパ軸への指示

図6-13　真円度の指示例と領域

真円度と円筒度は公差領域が丸い形状をしているけど公差値に「φ」を付けたらあかんねん！

形状偏差-4. 円筒度（えんとうど）の指示例

　円筒度は、その表面全体が理論的に正確な円筒からどれだけ変形しているかを表す指標です。円筒度は、円筒表面全体が対象となるため、表面指示とします。
　円筒表面全体が、0.1mmの半径差のある2つの真っ直ぐな同軸円筒の隙間になければいけません（図6-14）。
　円筒度の公差領域は同軸2円筒間の隙間の幅を示すので、領域が丸い形をしていますが勘違いして"φ"をつけないように注意しましょう。

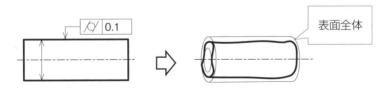

図6-14　円筒度の指示例と領域

形状偏差-5. 線の輪郭度（りんかくど）の指示例

　線の輪郭度は、その表面の任意の線が理論的に正しい形状からどれだけ変形しているかを表す指標です。線の輪郭度は、その表面上の任意の線が対象となるため、母線指示とします。この母線が矢を当てた投影面を挟む0.2mm離れた2曲線間になければいけません（図6-15）。

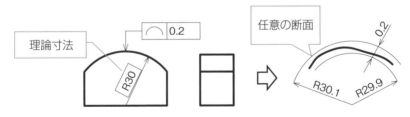

図6-15　線の輪郭度の指示例と領域

形状偏差-6. 面の輪郭度の指示例

　面の輪郭度は、その表面全体が理論的に正しい形状からどれだけ変形しているかを表す指標です。面の輪郭度は、表面全体が矢を当てた投影面を挟む0.2mm離れた2曲面間になければいけません（図6-16）。
　公差の円弧の大きさは、図6-15の右図と同じです。**線と面の輪郭度公差は、必ず理論寸法と組み合わせて使用します。**

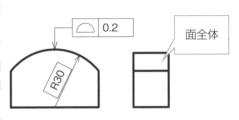

図6-16　面の輪郭度の指示例

姿勢偏差-1．平行度（へいこうど）の指示例

　平行度は、その中心線や表面が基準に対してどれだけ平行から傾いているかを表す指標です。

　穴の中心線を基準にして、他の穴の中心線に平行度を指示する場合、それぞれの寸法線の延長線上にデータムと幾何公差の指示線を当て、指示線を当てた穴の中心線はデータム軸と平行な直径0.1mmの円筒内になければいけません。この場合、平行度が指示された中心線とデータムの距離は寸法公差で管理するため、幾何公差としては平行のみを確認します(**図6-17 a**)。

　一方の平面を基準にして、他方の平面に平行度を指示する場合、寸法線から外れた表面にデータムと幾何公差の指示線を当て、指示線を当てた平面はデータム平面と平行な0.1mm離れた平行2面間になければいけません。この場合、平行度が指示された平面とデータム面の距離は寸法公差で管理するため、幾何公差としては平行のみを確認します(**図6-17 b**)。

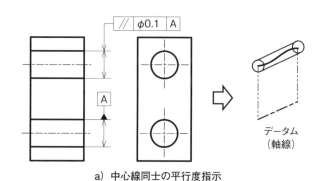

a) 中心線同士の平行度指示

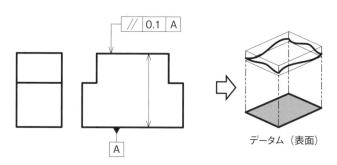

b) 平面同士の平行度指示

図6-17　平行度の指示例と領域

姿勢偏差-2. 直角度（ちょっかくど）の指示例

　直角度は、その中心線や表面が基準に対してどれだけ直角から傾いているかを表す指標です。

　平面を基準にして、穴の中心線に直角度を指示する場合、表面にデータムを指示し、穴の寸法線の延長線上に幾何公差の指示線を当て、指示線を当てた穴の中心線はデータム面と直角な直径0.1mmの円筒内になければいけません。

　また同じ平面を基準にして、側面に直角度を指示する場合、表面に幾何公差の指示線を当て、指示線を当てた平面はデータム平面と直角な0.1mm離れた平行2面間になければいけません（図6-18）。

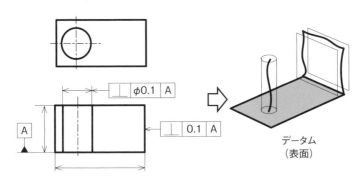

図6-18　直角度の指示例と領域

姿勢偏差-3. 傾斜度（けいしゃど）の指示例

　傾斜度は、その中心線や表面が基準に対してどれだけ理論的に正確な角度から傾いているかを表す指標です。**傾斜度は、必ず理論寸法と組み合わせて使用します。**

　平面を基準にして、傾斜した平面に傾斜度を指示する場合、基準面の表面にデータムを指示し、傾斜面の表面に指示線を当て、指示線を当てた傾斜面は、データム平面と理論的に正確な角度45°をもった平面と0.1mm離れた平行2面間になければいけません（図6-19）。

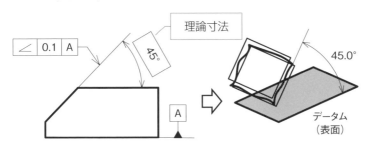

図6-19　傾斜度の指示例と領域

位置偏差-1. 同軸度（どうじくど）の指示例

　同軸度は、対象となる中心線が同一直線上にある基準となる中心線に対してどれだけ位置ずれしているかを表す指標です。板金のように厚みの薄い部品には、「同心度（どうしんど）」という言葉を用います。

　一方の軸の中心線を基準にして、同軸上にある他の軸の中心線に同軸度を指示する場合、それぞれの寸法線の延長線上にデータムと幾何公差の指示線を当て、指示線を当てた軸の中心線はデータム軸と同一ライン上にある直径0.05mmの円筒内になければいけません（図6-20）。

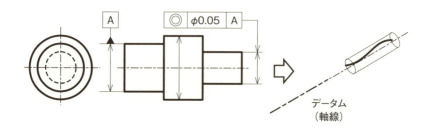

図6-20　同軸度の指示例と領域

位置偏差-2. 対称度（たいしょうど）の指示例

　対称度は、対象となる中心平面や中心線が同一平面上にある基準となる中心平面に対してどれだけ位置ずれしているかを表す指標です。

　一方の幅の中心平面を基準にして、同一平面上にある他の形体の中心平面に対称度を指示する場合、それぞれの寸法線の延長線上にデータムと幾何公差の指示線を当て、指示線を当てた形体の中心平面はデータム平面と同一平面に対して±0.05（幅で0.1mm）の2面間になければいけません（図6-21）。

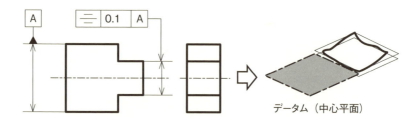

図6-21　対称度の指示例と領域

位置偏差-3. 位置度（いちど）の指示例

　位置度は、対象となる中心線や表面が基準となる中心線や表面から離れた場所のあるべき位置に対してどれだけ位置ずれしているかを表す指標です。

　3方向の面を基準にして、穴の中心線に位置度を指示する場合、3つの基準面の表面にデータムを指示し、穴の寸法線に指示線を当て、指示線を当てた中心線は、データムA面に対して直角であり、かつデータムB面から理論的に正確な位置30mmとデータムC面から理論的に正確な位置40mmの位置にある直径0.1mmの円筒内になければいけません（図6-22）。

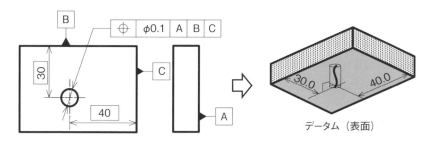

図6-22　位置度の指示例と領域

位置偏差-4. 線の輪郭度の指示例　　位置偏差-5. 面の輪郭度の指示例

　位置偏差における線の輪郭度あるいは面の輪郭度は、対象となる表面が理論的に正しい形状であり、かつ基準となる中心線や表面からのあるべき位置に対してどれだけ位置ずれしているかを表す指標です。

　表面上の任意の1本の線分である母線あるいは表面全体が矢を当てた投影面を挟み基準から理論的に正しい距離にある0.2mm離れた2曲線間あるいは2曲面間になければいけません（図6-23）。

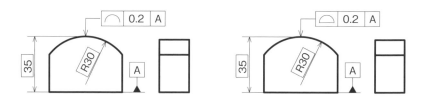

図6-23　位置偏差としての輪郭度の指示例

第6章　幾何公差ってなんやねん！

振れ-1. 円周振れ（えんしゅうふれ）の指示例

　円周振れは、対象となる任意の円筒面の断面が基準となる中心線で回転させたときに、どれだけ振れているかを表す指標です。

　左右の軸の中心線を共通の基準にして、中央の軸の表面に円周振れを指示する場合、左右の軸の寸法線の延長線上にデータムAとデータムBを指示し、中央の円筒面の表面に指示線を当てます。指示線を当てた円筒面の任意の断面における外周円は同一平面上の0.1mmだけ離れた2つの同心円の隙間になければいけません（**図6-24**）。

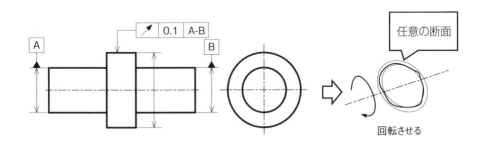

図6-24　円周振れの指示例と領域

振れ-2. 全振れ（ぜんぶれ）の指示例

　全振れは、対象となる円筒表面全体が基準となる中心線で回転させたときに、どれだけ振れているかを表す指標です。

　左右の軸の中心線を共通の基準にして、中央の軸の表面に全振れを指示する場合、左右の軸の寸法線の延長線上にデータムAとデータムBを指示し、中央の円筒面の表面に指示線を当てます。指示線を当てた円筒表面全体は同軸上の0.1mmだけ離れた2つの円筒の隙間になければいけません（**図6-25**）。

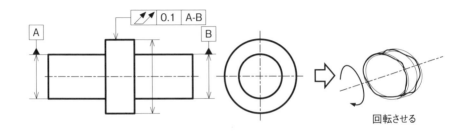

図6-25　全振れの指示例と領域

| 第6章 | 2 | 寸法公差と幾何公差の相互依存 |

6-2-1　包絡の条件（ほうらくのじょうけん）

　JISでは、寸法と各種幾何公差について、「独立の原則」を採用しています。その定義は、「図面に指示された各要求事項、例えば寸法公差や幾何公差は特別な相互関係が指定されない限り、他のいかなる寸法や公差または特性とも関連しないで、独立して適用される」というものです。

　独立の原則を適用しない特別な相互関係を、「包絡の条件」といいます。

　包絡の条件とは、軸や穴の直径または幅によって決められるサイズ形体に対して適用し、寸法公差の後に「丸で囲んだE」を付与することで、最大実体寸法における完全形状の包絡面を超えてはならないという決まりことです（図6-26 a）。

図6-26a）における機能上の要求として、次の事項を満足しなければいけません。

・円筒表面は、最大実体寸法φ30.00における完全形状の包絡面を超えてはいけません（図6-26 b）。

・円筒の個々の実直径が公差下限値のφ29.90である場合、完全形状の包絡面の範囲内で寸法の差分（この場合0.1mm）だけ変形してもよいとされます（図6-25 c）。

・円筒の個々の実直径が公差上限値のφ30.00である場合、軸は完全に正確な円筒形状でなければならず、一切の反りは許されません（図6-26 d）。

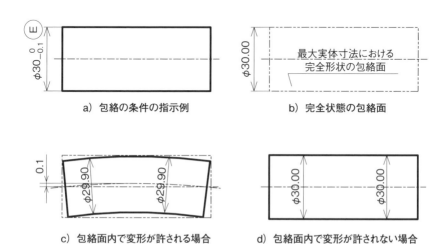

図6-26　包絡の条件の解釈

6-2-2　最大実体公差方式

> **最大実体公差方式　JIS B 0023**
>
> 　2つのフランジのボルト穴とそれらを締め付けるボルトとのように、部品の組立は、お互いにはめあわされる形体の実寸法と実際の幾何偏差との間の関係に依存する。
> 　組み付ける形体のそれぞれがその最大実体寸法（例えば、最大許容限界寸法の軸及び最小許容限界寸法の穴）であり、かつ、それらの幾何公差（例えば、位置偏差）も最大であるときに、組立隙間は最小となる。
> 　組みつけられた形体の実寸法がそれらの最大実体寸法から最も離れ（例えば、最小許容限界寸法の軸及び最大許容限界寸法の穴）であり、かつ、それらの幾何公差（例えば、位置偏差）がゼロでのときに、組立隙間は最大となる。
> 　以上から、はまりあう部品の実寸法が両許容限界寸法内で、それらの最大実体寸法にない場合には、指示した幾何公差を増加させても組立に支障をきたすことはない。
> 　これを"最大実体公差方式"といい、記号Ⓜによって図面上に指示する。

　最大実体公差方式とは、寸法公差内で組立に有利な寸法（例えば、穴の場合は大きめ、軸の場合は小さめ）にできあがった場合（これを最小実体状態といいます）、そのわずかな寸法差分だけ幾何公差を増加させることができるものです。
　これは大量生産においては効果が大きく、コスト低減につなげることができます。

　最大実体公差を適用する場合は、幾何公差値の後に「丸で囲んだM」を付与して指示します。（図6-27）。
　このMは、MMC（Maximum Material Condition：最大実体状態）の略で、図面に記入した幾何公差の値は最大実体寸法（組立ての際に最も条件が悪くなる状態）のときに限って適用することを表しています。

図6-27　最大実体公差方式を適用する場合の指示例

6-2-3　最大実体公差方式の考え方

最大実体公差を形体に適用する場合、位置度に適用することが最も一般的であるため、一群の穴と軸に対する位置度をもとに説明します。

①最大実体公差を用いない位置度の解釈

2本の軸が突出した部品Aと2つの穴が開いた部品Bを組み合わせる場合を検討します。(図6-28)。

ここで、2つの穴の間隔の寸法50を四角い枠で囲んでいるのは、理論的に正確な寸法を表しており、寸法公差によるばらつきは存在しません。その代わりに幾何特性の位置度で直径0.1mmの位置ずれを許容しているのです。

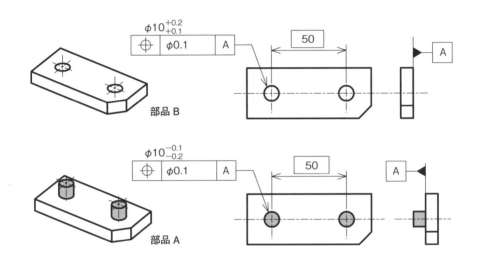

図6-28　2部品の組み合わせ部品と幾何公差図面例

最初に、2つの軸や穴の間隔が50.00mmちょうどでできたと仮定して、部品Aの軸と部品Bの穴の隙間の関係を考えます。

部品Aの軸の直径が最大、部品Bの穴の直径が最小のとき、穴と軸の隙間が最も狭くなり、片側0.1mmの隙間となります（図6-29 a）。

逆に、部品Aの軸の直径が最小で部品Bの穴の直径が最大のとき、穴と軸の隙間が最も広くなり、片側0.2mmの隙間となります（図6-29 b）。

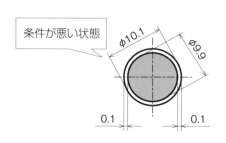
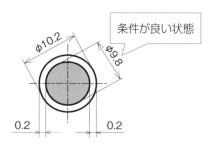

a）軸が最大、穴が最小のとき　　b）軸が最小、穴が最大のとき

図6-29　軸と穴の隙間の関係

次に、2本の軸と2つの穴のそれぞれの間隔がばらつく場合で、組み立てに最も不利な条件を想定しましょう。軸の直径が最大、穴の直径が最小で、かつ2つの軸や穴の位置が幾何公差の値「φ0.1」いっぱいにばらついた状態が最悪条件です（図6-30）。

このような最悪状態で部品Aの軸の外面と部品Bの穴の内面が接して0（ゼロ）となり、ぎりぎり組立ができる状態であることがわかります。

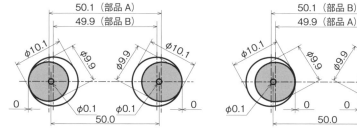

a）軸が外側に穴が内側にずれた場合　　a）軸が内側に穴が外側にずれた場合

図6-30　最悪条件の関係

図6-28に示した直径の寸法公差と位置度の関係は、かろうじて成立していることが理解できましたか？

ここで、軸間距離と穴間距離のばらつきを悪い条件のままに、軸の直径を最小に、穴の直径を最大にすると条件はよくなるはずです。直径が変化することで片側0.1mmのマージン（余裕）ができることがわかります（**図6-31**）。
　しかし、もったいないことに、このマージンの使い道は存在しないのです！

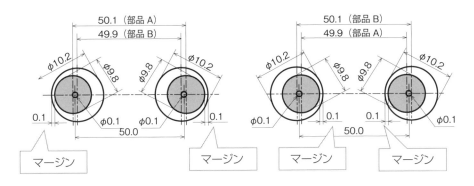

図6-31　直径寸法のみ良い条件にしたときの関係

②最大実体公差を用いた位置度の解釈

　最大実体公差は、寸法の関係がよい場合に限り使い道のなかったマージンを幾何公差に追加して利用するものです。図6-27で示した図面を、最大実体公差方式を適用した図面に修正してみましょう。
　公差記入枠の公差値に続けて「丸で囲んだM」を付けただけで完了です（**図6-32**）。

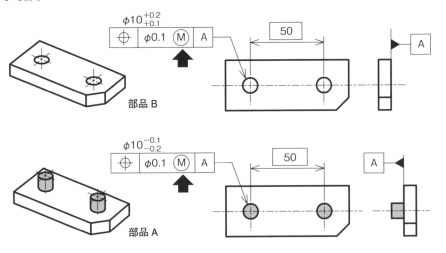

図6-32　2部品の組み合わせ部品と最大実体公差を適用した図面例

第6章　幾何公差ってなんやねん！　161

最大実体状態とは、形体の体積（重さ）が大きくなる状態、つまり軸の場合は直径が最大、穴の場合は直径が最小の状態と覚えると理解しやすくなります。
　最大実体公差方式を適用した図面では、最大実体公差を指示している寸法公差の中で、最大実体状態の場合に指示された幾何公差値を適用し、最大実体状態から離れた分だけ幾何公差にその差分を追加してもよいという決まりごとです。

　寸法の関係が良い場合に存在したマージン（図6-31参照）を幾何公差に使うことで、図6-30と比べると黒い矢印で示した部分が変化していることがわかります（図6-33）。

　これをアメリカでは、ボーナス公差と呼んでいます。

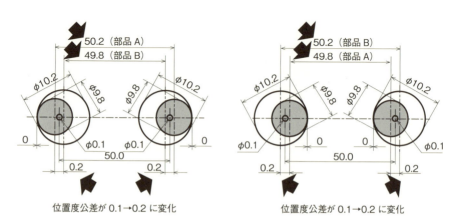

図6-33　最大実体公差を適用したときの関係

6-2-4　動的公差線図（どうてきこうさせんず）

最大実体公差を適用した場合の公差域の変化を表したものを動的公差線図と呼び、最大実体公差を用いることで、グレーの三角部分の位置度が寸法のばらつきによって増減する状態をビジュアル的に理解するものです（図6-34）。

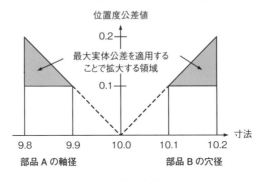

図6-34　動的公差線図

最大実体公差は、経済的利点をもたらしますが、逆に欠点となることもあるので、次の場合には適用することはできません。
- リンク機構や歯車の中心間距離など運動機構
- 寸法の概念がない表面または母線（中心平面または中心線をもたないもの）
- しまりばめなど、物理的に互換性を求めることができないもの

最大実体公差を適用することができる幾何公差を表6-6に示します。

表6-6　最大実体公差の適用可否

幾何公差	記号	最大実体公差の適用性		幾何公差	記号	最大実体公差の適用性
位置度	⌖	適用可	適用不可	平面度	▱	適用不可
真直度	─	寸法公差の付いた形体の中心線または軸線に適用できます。	表面または母線に対して適用できません。	真円度	○	全ての形体に適用できません。
平行度	∥			円筒度	⌭	
直角度	⊥			線の輪郭度	⌒	
傾斜度	∠			面の輪郭度	⌓	
同軸度	◎			円周振れ	↗	
対称度	≡			全振れ	⌰	

6-2-5　突出公差域（とっしゅつこうさいき）

フランジのような取り付け面には複数の穴やねじがあけられており、相対する面をボルトで締結する構造になります。

このとき穴やねじの中心線が傾斜しているとボルトが相手部品の穴と干渉する場合があります。

寸法公差を厳しくしたり、位置度や直角度の幾何公差を厳しくしたりする方法も考えられますが、コストアップになるというデメリットが考えられます。

そこで、上記に代わるべきものとして、突出公差域があります。突出公差域は幾何公差値の後ろと相手部品の厚みを示す寸法の前に「丸で囲んだP」を付与することで指示できます(図6-35)。

例えば、フランジのねじ穴から突出した位置、つまり相手フランジの厚み分と傾きまで考慮し位置を規制することができるのが特徴です（図6-36)。

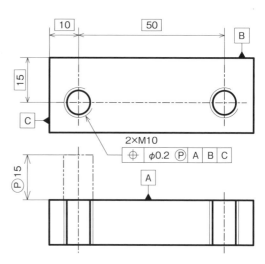

図6-35　突出公差域の指示例

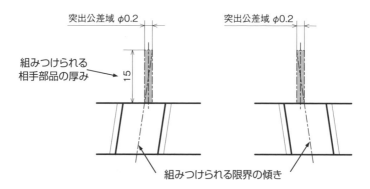

図6-36　突出公差域の解釈

第6章のまとめ

第6章で学んだこと
　寸法公差と幾何公差の違いを知りました。データムの考え方や幾何特性の種類、図面への指示方法など注意点も理解しました。また、寸法公差と幾何公差が相互依存する最大実体公差方式の意味も理解しました。

よくやる間違い例
◆幾何特性の場所が不明な悪い例と改善例

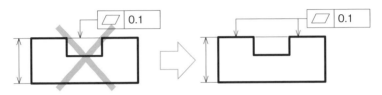

◆データム指示忘れの悪い例と改善例

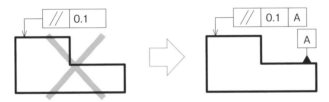

◆幾何特性を指示する場所の悪い例と改善例

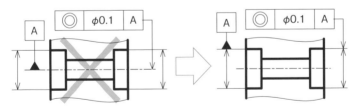

次にやること
◇幾何公差以外にも製図に使う記号がたくさんあります。それらの記号の意味を理解し、使いこなせるようにしましょう。
◇機械設計において、溶接は重要な接合技術の一つです。溶接を多用する業界でなくとも一度は溶接の図面にかかわる機会があるはずです。その時のために溶接記号の知識を身につけましょう。

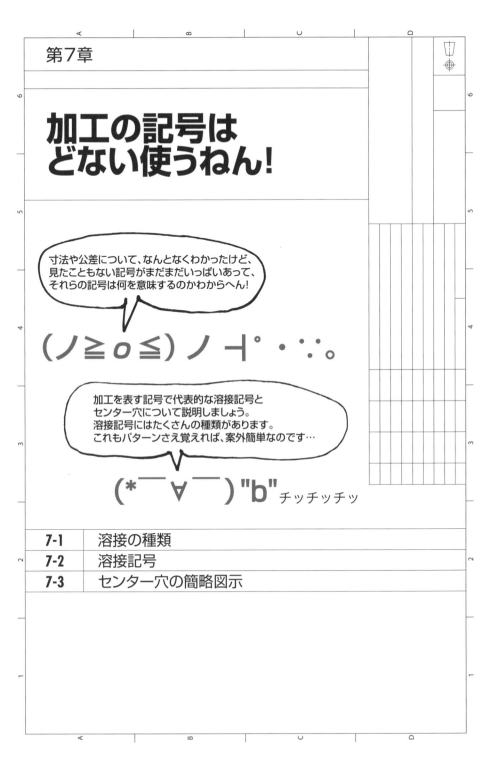

第7章 1 溶接の種類

　溶接（ようせつ）とは、材料に応じて接合部が連続性を持つように、熱または圧力もしくはその両者を加え、さらに必要があれば適当な溶加材を加えて部材を接合する方法です。

　溶接は、融接（ゆうせつ）、圧接（あっせつ）、ろう接に大別されます（図7-1）。

- **融接法**：溶融溶接とも呼び、母材の溶接しようとする部分を加熱し、母材のみまたは母材と溶加材(溶接棒など)とを融合させて溶融金属を作り、これを凝固させ接合する方法です。この際、機械的圧力は加えません。
- **圧接法**：加圧溶接とも呼び、接合する材料の接合部へ機械的圧力を加えて行う溶接法です。
- **ろう接法**：ろう溶接とも呼び、母材を溶融せず母材よりも低い融点を持った金属の溶加材(ろう)を溶融させて、毛細管現象を利用して接合面の隙間にしみこませ接合をする方法です。硬ろう（銀ろう、リン銅ろう、黄銅ろうなど）を用いるろう付けと、比較的融点の低い軟ろう（亜鉛、スズなど）を用いるはんだ付けとがあります。

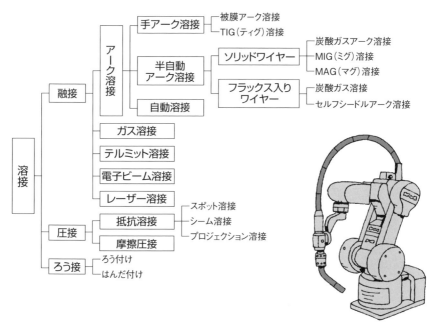

図7-1　溶接の分類

機械部品に用いられる代表的な溶接の特徴を以下に示します（**表7-1**）。

表7-1　代表的な溶接の特徴

溶接の種類と特徴	
被覆（ひふく）アーク溶接 　手に持ったグリップに溶接棒を挟み、それを電極としてアーク熱で溶接棒と母材を溶融させます。風に強いため屋外の建設現場などで用いられます。母材ごとに適した種類の溶接棒を使い分けます。	
半自動アーク溶接（MIG：ミグ、MAG：マグ） 　手に持ったガンからソリッドワイヤーと、アークを安定させるためのシールドガスを出し、アーク熱でソリッドワイヤーと母材を溶融させます。被覆アーク溶接に比べて溶加材が長いワイヤーを使うため連続溶接や大量生産に向きます。	
TIG（ティグ）溶接 　一方の手に溶接トーチ、他方の手に溶加棒を持ち、溶接部に不活性ガスを吹き付け接合します。ビードが美しく高品質な溶接部が得られますが、半自動溶接に比べて溶接速度が遅く、かつ高価な不活性ガスを必要とするため、コストアップになります。	
スポット溶接 　薄板の板金部品の接合に用いられ、2枚の板金を重ね合わせ電極で加圧しながら挟み、大電流を流して金属を溶かし、母材同士を接合します。アーク溶接のように溶加材はありません。	

Engineering Technology

摩擦圧接法

　接合する部材（たとえば金属や樹脂など）を高速で擦り合わせ、そのとき生じる摩擦熱によって部材を軟化させると同時に圧力を加えて接合する技術です。

メリット：
- 比較的簡単な作業で寸法精度の高い製品が得られる。
- 用途に応じて種々の異種材料（ステンレスと軟鋼、ステンレスと銅など）を組み合わせて接合できるため、優れた性能の製品が得られる。
- スパッタ、ヒューム等が生じないので、他の工作機械と組み合わせた一貫ラインが編成できる。

デメリット：
- 少なくとも一方は円形断面（または円形断面に近いもの、正多角形など）でなければならない。
- 接合する部材は高速回転に耐え得るものでなければならない。

| 第7章 | 2 | 溶接記号 |

| 7-2-1 | 溶接部の表示方法 |

1) 説明線

　説明線は溶接部を記号表示するために用いるもので、基線、矢および尾で構成され、尾は必要がなければ省略することができます（図7-2）。

①基線は通常、水平線とし、基線の一端に矢を付けます。

②矢は溶接部を指示するもので、基線に対しなるべく60°の直線とします。
　次の場合は矢を折れ線とし、面取り面またはフレアのある面に矢の先端を向けます。
　　・レ形、J形において面取りのある部材の面を指示する必要がある場合
　　・フレアレ形においてフレアのある部材の面を指示する必要がある場合

③矢は必要があれば基線の一端から2本以上つけることができます。

図7-2　溶接記号を示す説明線

2) 基本記号の記入方法

　溶接の基本記号は、次のように記入します。本例はすみ肉溶接の場合を示しています。

　・溶接する側が矢の側または手前側のときは基線の下側に密着して記入します（図7-3 a）。

　・溶接する側が矢の反対側または向こう側のときは基線の上側に密着し、反転させて記入します（図7-3 b）。

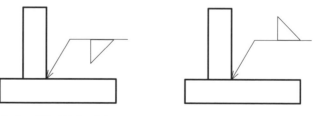

a) 矢の側を溶接する場合　　b) 矢の反対側を溶接する場合

図7-3　基線に対する基本記号の位置

3) 溶接要素の配置

補助記号、溶接長さなどの寸法、数などの溶接作業に必要な要素の記入は、基線に対し基本記号と同じ側の決められた位置に記入します（図7-4）。
①表面形状及び仕上方法などの補助記号は、溶接記号に近接して記入します。
②全周溶接、現場溶接の補助記号は、基線と矢の交点に記入します。
③非破壊試験の補助記号は、尾の横に記入します。

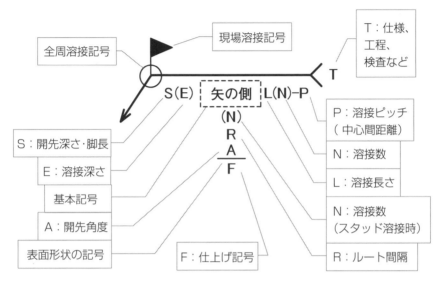

a) 矢の手前側を溶接する場合

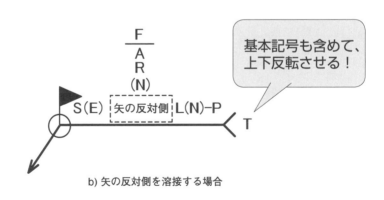

b) 矢の反対側を溶接する場合

図7-4 溶接要素の配置

7-2-2　基本記号の種類

溶接の基本記号には次のような種類があります（**表7-2**）。

表7-2　溶接の基本記号

溶接名称	基本記号			溶接前の形状例 ※上側を矢で指しているとした場合
	矢の側を溶接する場合	矢の反対側を溶接する場合	矢の両側を溶接する場合	
I形開先				
V形開先			X形	
レ形開先			K形	矢を折る必要あり
J形開先			両面J形	矢を折る必要あり
U形開先			H形	
V形フレア溶接			フレアX形	
レ形フレア溶接			フレアK形	矢を折る必要あり

溶接の種類	記号			実形
へり溶接				
すみ肉溶接				
プラグ溶接 スロット溶接			使用しない	—
ビード溶接			使用しない	—
肉盛溶接		使用しない	使用しない	—
キーホール溶接		使用しない	使用しない	
スポット溶接 プロジェクション溶接		使用しない	使用しない	
シーム溶接		使用しない	使用しない	
スカーフ溶接		使用しない	使用しない	ろう付けに使う
スタッド溶接		使用しない	使用しない	—

溶接するときは、ガスが発生する環境でないか確認したうえで作業しないと、爆発や火災の危険があるんや！たまにニュースで聞くな…

溶接記号に作業工程や仕上げ、表面形状を補助記号として付記できます（表7-3～7-5）。

表7-3　溶接の補助記号（作業工程）と使用例

補助記号	作業工程	図面と要求形状	
▶	現場溶接		溶接は工場の外、つまりビルや橋梁のような設置現場で実施することを意味します。
○	全周溶接		円筒部品など全周溶接が明らかな場合は省略できます。
⌐	裏当て		裏当て材を残すか残さないかを注記で指示します。

表7-4　補助記号（仕上げ）

補助記号	C (Chipping)	G (Grinding)	M (Milling)	P (Polishing)
仕上げ方法	チッピング（はつり）	グラインダ	切削	研磨

表7-5　補助記号（表面形状）と使用例

補助記号	表面形状	図面	要求形状
─	平ら仕上げ		
⌒	凸形仕上げ		
⌣	へこみ仕上げ		
⋃	止端（したん）を滑らかに仕上げ		

さらに溶接後の検査方法も記号を付記することで指定することができます（**表7-6**）。

表7-6　非破壊検査の記号

補助記号	非破壊試験方法		備考
RT RT-W	放射線透過試験	一般 二重壁投影	一般とは、溶接部に放射線透過試験などの各試験方法を示すだけで内容を表示しない場合に用いる。 各記号以外の試験については、必要に応じ適宜な表示を行うことができる。 例） 漏れ試験　LT ひずみ測定試験　SM 目視試験　VT アコースティックエミッション試験　AET 渦電流探傷試験　ET
UT UT-N UT-A	超音波探傷試験	一般 垂直探傷 斜角探傷	
MT MT-F	磁粉探傷試験	一般 蛍光探傷	
PT PT-F PT-D	浸透探傷試験	一般 蛍光探傷 非蛍光探傷	
○	全線検査		各試験記号の後に付ける
△	部分試験（抜取試験）		

■D(￣ー￣*)コーヒーブレイク

S45Cにも溶接できる？

　S45Cは「中炭素鋼」に属し、切削性は良好ですが、カーボン量0.45％含んでいるため、溶接の熱により材質の性質が変わり、母材にクラックが入る事ことで非常に折れやすくなるので、できる限り避けましょう。
　一般的に炭素量が0.3％以上の材料は溶接に不向きです。
　強度を充分検討し、一般構造用（SS）や溶接構造用（SM）、建築構造用（SN）などのように溶接性を考慮して炭素量などが規制された鋼材を選択できないか検討しなければいけません。

7-2-3　代表的な溶接の指示例

①すみ肉溶接

　すみ肉溶接とは、ほぼ直交する2つの面を三角状の断面で接合する溶接で、溶接の盛り上がり（ビード）を許容できる場合に用います（**図7-5**）。

　すみ肉溶接の強度は、I形開先溶接のような突合せ溶接の半分程度です。ルート面やビード端部に大きな応力集中を生じるため、繰り返し衝撃荷重を受ける部材にすみ肉溶接をする場合は、止端を滑らかに仕上げる指示をするか、ボルト締結に構造変更するなど検討すべきでしょう。

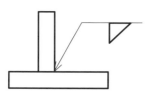 

a) 矢の側を溶接する場合の指示法 (溶接の脚長を指示しない場合)

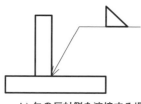 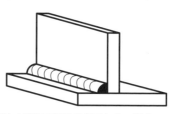

b) 矢の反対側を溶接する場合の指示法 (溶接の脚長を指示しない場合)

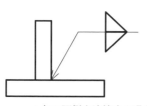 

c) 矢の両側を溶接する場合の指示法 (溶接の脚長を指示しない場合)

図7-5　すみ肉溶接の指示例(1)

すみ肉溶接のビードの脚長や位置も数値として図面に記入することができます（図7-6）。脚長は基本記号の左側に付記しますが、両側溶接の場合は上側にまとめます。

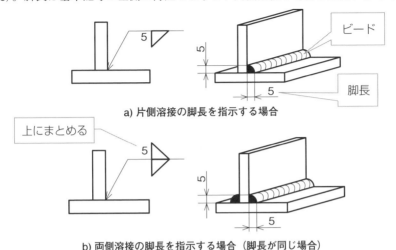

a) 片側溶接の脚長を指示する場合

b) 両側溶接の脚長を指示する場合（脚長が同じ場合）

c) 分断したビードを指示する場合

図7-6　すみ肉溶接の指示例（2）

φ(@°▽°@)　メモメモ

知っておきたい溶接用語（1）

ビード：溶接部にできる帯状の盛り上がりのことです。

スパッタ：溶接作業中に溶接棒や溶接ワイヤーからビード表面や溶接近傍の母材周辺部に飛び散った溶融金属の粒のことです。スパッタの除去は、溶接作業者のマナーであるため、特に必要がない場合、スパッタの除去を指示することはありません。

②開先（かいさき）溶接

開先溶接はグルーブ（溝）溶接とも呼ばれ、部材の接合面に適当な溝を加工し、そこに溶着金属を盛る溶接をいい、主として突合せ継手あるいは角継手に用いられます。

鋼構造の突合せ継ぎ手は開先溶接を用いるのが一般的で、その開先形状からⅠ形Ⅴ形レ形などがあります。

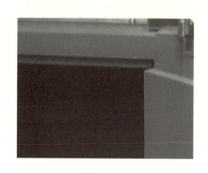

レ形、J形、フレアレ形のような非対称の面取り形状をもつ開先溶接の指示は、どちらの部品に面取りが存在するのかを明確にするために、矢を面取り部品側に向け、面取りした部品側に折り返すように矢を折ります（図7-7）。

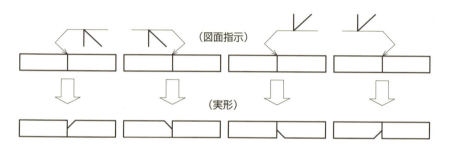

図7-7　非対称開先溶接の矢の折り方と実形

φ(@°▽°@)　メモメモ

知っておきたい溶接用語(2)

ルート面：突合せ溶接する2部品が対向する面を指します。

裏当て金：溶接の裏側に溶融金属が抜け落ちるのを防ぐ鋼材をいいます。T継手や十字継手、角継手などに多く用いられます。裏当て金の材質は、鋼や銅製と非金属系の固形耐火物(セラミックス系とフラックス系)があります。

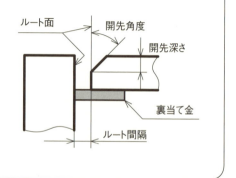

レ形溶接の例

前ページの写真で示した金庫を製作する場合のレ形溶接をイラストで説明します。

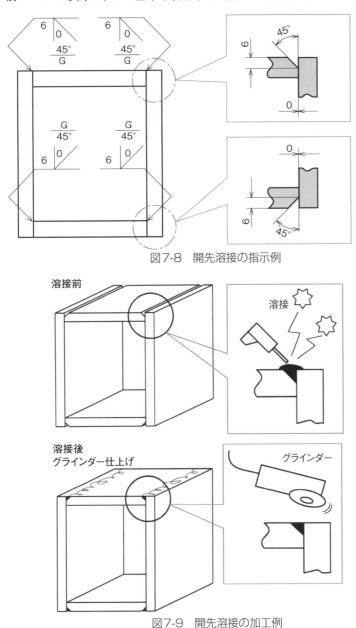

図7-8　開先溶接の指示例

図7-9　開先溶接の加工例

👉 **非対称開先溶接は、説明線の矢を必ず折り曲げる**

開先深さと溶接深さが異なる部分溶け込み溶接の場合、溶接深さは括弧をつけて開先深さに続けます（図7-10 a）。

開先深さと溶接深さが同じ部分溶け込み溶接の場合は、深さの数値を括弧の中に記入します（図7-10 b）。

完全溶け込み溶接の場合は、開先深さの数値に括弧を付けずに記入します（図7-9 c）。

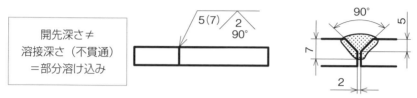

a) 開先深さと溶接深さが異なる部分溶け込み

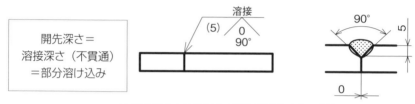

b) 開先深さと溶接深さが同じ部分溶け込み溶接

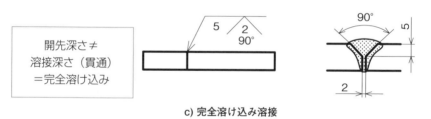

c) 完全溶け込み溶接

図7-10　部分溶け込みと完全溶け込み溶接の指示例

ɸ(＠°▽°＠)　メモメモ

部分溶け込み溶接の新旧

2010年に部分溶け込み溶接の指示方法が変更されています。

旧JIS ＜深さを丸で囲む＞　　改正JIS ＜深さを括弧で囲む＞

③スポット溶接

スポット溶接とは、抵抗発熱(ジュール熱)を利用して金属の接合を行うものです。2枚の金属板を棒状の電極の間にはさみ、加圧(500〜5,000N/cm^2)しながら短時間(0.6〜6秒)に大電流(約3,500〜30,000A)を流すことで母材を局部的に溶かして接合する方法です。

スポット溶接する場所を打点といい、打点の位置に溶接記号の矢を示します(図7-11〜12)。

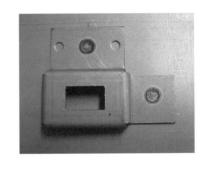

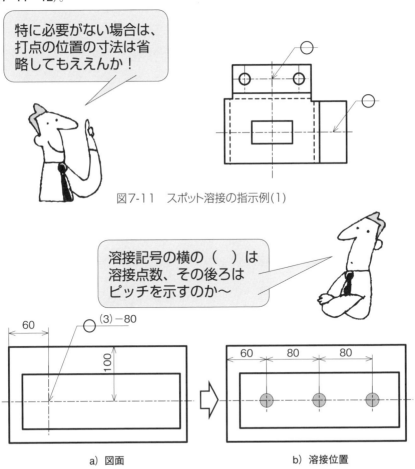

特に必要がない場合は、打点の位置の寸法は省略してもええんか！

図7-11 スポット溶接の指示例(1)

溶接記号の横の( )は溶接点数、その後ろはピッチを示すのか〜

a) 図面　　b) 溶接位置

図7-12 スポット溶接の指示例(2)

④プラグ溶接・スロット溶接

スポット溶接するには母材が厚すぎたり、すみ肉溶接のようにビードの存在が許されない場合に、重ね合わせた上の母材に穴を開け、その穴を溶接で埋めることで母材同士を接合するものです。

溶接で埋める穴が丸穴の場合をプラグ溶接（図7-13）と呼び、長穴の場合をスロット溶接（図7-14）と呼びます。

スロット溶接は、プラグ溶接より溶接面積が広くなるため、より強度を必要とする場合に用います。

溶接の指示方法はスポット溶接と同じですが、違いは一方の部品には実際に穴が開いているため、図面には穴形状とその寸法指示が必要となります。

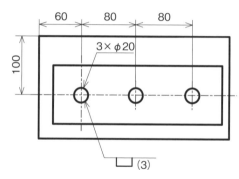

図7-13　プラグ溶接の指示例

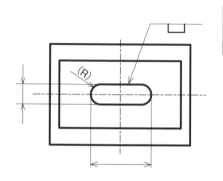

図7-14　スロット溶接の指示例

穴の形状が違うだけやから、プラグ溶接もスロット溶接も溶接記号は一緒なんや！

⑤溶接部の非破壊検査

溶接した部分は応力集中を受けやすいため、溶接不良やクラックなどを評価するために非破壊検査が用いられます。非破壊検査とすることで全数検査が可能となり、原子力発電所などで使用される部品のように、不良の許されない部品の溶接品質を保証します。

溶接記号の"尾"の部分に、次の記号を添付することで、非破壊試験を義務づけることができます（図7-15）。

・放射線透過（X線）試験（RT）
・超音波探傷試験（UT）
・磁粉探傷試験（MT）
・浸透探傷試験（PT）

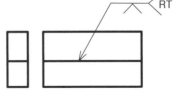

図7-15　非破壊検査の指示例

Engineering Technology

非破壊検査

非破壊検査とは、検査物にキズをつけたり、破壊したりしないでその物質の性能、構造、欠陥を調べる検査のことをいいます。

この非破壊検査は、"内部を検査するもの"と"表面を検査するもの"に大別されます。

●内部を検査する試験

放射線透過試験　RT（Radiographic Testing）
X線、γ線が金属材料を透過する能力を利用したものです。正常部と欠陥部との放射線の吸収の度合いの差を、反対側においた放射線透過写真フィルムの感光度として検出し、欠陥の形状や大きさを判定するものです。

超音波探傷試験　UT（Ultrasonic Testing）
超音波の直進性と反射性を利用して、金属材料の端面から超音波を入射して、反対側の端面と欠陥からの反射波を捉えて、オシロスコープなどに表示し内部欠陥を検出する方法です。

●表面を検査する試験

磁粉探傷試験　MT（Magnetic Particle Testing）
材料を磁化させると欠陥部の周辺で磁束が乱れ、表面から外部に磁気が漏れるので、微細鉄粉をふりかけると欠陥箇所に鉄粉が集まり欠陥を検出する方法です。鋼材などの強磁性材料の表面及び表面下約20mmまで適用できます。

浸透探傷試験　PT（Liquid Penetrant Testing）
試料の表面に浸透性の高い液体を塗って欠陥に浸透させ、表面を拭き取り、現像液で浸透液が浸透する箇所の存在の有無を検査する方法です。製品の表面の割れやピンホール、亀裂、剥離に適用します。

第7章 3 センター穴の簡略図示

センター穴の簡略図示方法　JIS B 0041

この規格は、センター穴の簡略図示方法及びその呼び方について規定する。センター穴の簡略図示方法は、正確な形状及び寸法を特に示す必要が無い場合、及び標準化されたセンター穴の呼び方だけで図面情報として充分に伝えることができる場合に用いる。

　センター穴とは、旋盤、円筒研削盤などで加工基準となるための穴を指します。このセンター穴は、センターと面接触をする面取り部と、潤滑剤の入る油溜りによって形成されます。センター穴の精度次第で、円筒研削における「真円度」「円筒度」「寸法精度」「表面粗度」などあらゆる精度に影響を与えます。

　センター穴はその性質上、面取り角の角度精度、面取り部の真円度、面粗度が重要であり、逆に、油溜りの径(センタードリルの刃先径)は、あまり重要ではありません。

　センター角には、60°、75°、90°がありますが、一般的に60°のものが使われます。

φ(@°▽°@)　メモメモ

旋盤のセンターとセンタードリル

　旋盤のセンターは、材料を固定するチャックの真正面の同軸上に配置された先端がとがりベアリングを内蔵して材料と一緒に回転できる構造物のことです。センターを挿入するために事前にセンタードリルで軸の端面に穴を開けたものがセンター穴です。

センタードリル

センター

センター穴の開いた部品

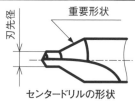
刃先径　重要形状
センタードリルの形状

軸を設計する際にセンター穴を意識して図面を描いている設計者は少ないのではないでしょうか？

なぜなら、センター穴の記号を図面に記入しない場合、「センター穴が部品に残されていても残されていなくても構わない」という意思表示になっているため、加工の都合でセンター穴が加工されます。しかし、軸の端部の穴が機能上で不具合を誘発することが少ないため、設計者が意識することはまずありません。

センター穴は、次のように図面上で示すことができます。

①センター穴を最終仕上がりに残しても残さなくてもよい場合（図7-16）

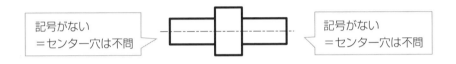

図7-16　センター穴が残っても残らなくてもよい場合の指示例

②センター穴を最終仕上がりに残したい場合（図7-17）

一般的な寸法公差をもつ軸の場合、旋盤のチャック部からの出代が大きい（一般的に直径の5倍以上）場合は、右側だけにセンター穴を残す記号をつけます。しかし、厳しい振れ公差を指定すると研削加工が必要となります。円筒研削盤を使って加工する場合は両側のセンターで保持するため軸の両側に記号を記入します。

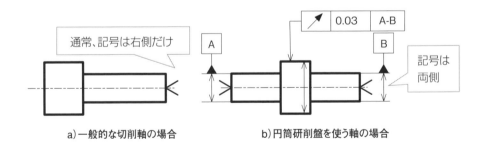

図7-17　センター穴を残す場合の指示例

③センター穴を最終仕上がりに残したくない場合（図7-18）

センター穴が残ってはいけない場合は、センター穴を残さない記号をつけます。この場合、加工者は母材を長めに加工してセンター穴をつけ、最後にセンター穴のある余肉部分を切り落とすことで、最終形状にセンター穴を残さないようにしてくれるのです。

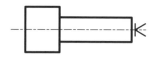

図7-18　センター穴が残ってはいけない場合の指示例

第7章のまとめ

第7章で学んだこと
　開先溶接記号の形が、溶接前の母材の面取り形状を表していることを知り、非対称面取りの場合は矢を折らなければいけないことを学びました。
　また、センター穴は記入しなくても意味を持つことを知りました。

よくやる間違い例
◆溶接記号の向きが悪い例と改善例（CADのミラー反転操作に注意！）

◆両側すみ肉溶接の脚長指示の悪い例と改善例（数値は上にまとめる）

◆I形開先溶接の悪い例と改善例（I形はルート間隔がないと溶接できない）

◆対称の開先溶接の悪い例と改善例（両側を面取りする場合、矢を折り返さない）

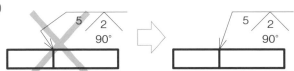

次にやること
◇機械要素部品のうち図面を作成するものに、ねじ、歯車、ばねがあります。次はこれら機械要素の独特な図面の描き方を学びましょう。

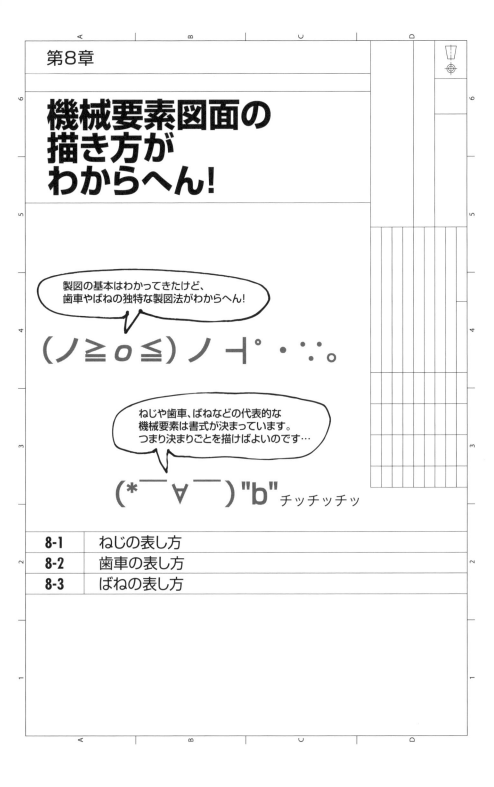

第8章　1　**ねじの表し方**

ねじの表し方　JIS B 0123

①ねじの呼び
　ねじの呼びは、ねじの種類を表す記号、直径又は呼び径を表す数字及びピッチ又は25.4mmあたりのねじ山数（以下、山数という）を用い、次のa）〜c）のいずれかによって表す。

　　a）ピッチをミリメートルで表すねじの場合
　　　　[ねじの種類を表す記号]　[ねじの呼び径を表す数字]　×ピッチ
　　　ただし、メートル並目ねじ及びミニチュアねじのように、同一呼び径に対し、ピッチがただ一つ規定されているねじでは、一般にピッチを省略する。また、メートルねじ又はメートル台形ねじにおける多条ねじは、次のいずれかで表す。
　　　　多条メートルねじの場合
　　　　[ねじの種類を表す記号]　[ねじの呼び径を表す数字]　×　L　[リード]　P　[ピッチ]
　　　　多条メートル台形ねじの場合
　　　　[ねじの種類を表す記号]　[ねじの呼び径を表す数字]　×　[リード]（P　[ピッチ]）

　　b）ピッチを山数で表すねじ（ユニファイねじを除く）の場合
　　　　[ねじの種類を表す記号]　[ねじの直径を表す数字]　−　[山数]
　　　ただし、管用ねじのように、同一直径に対し、山数をただ一つだけ規定しているねじでは、一般には山数を省略する。

　　c）ユニファイねじの場合
　　　　[ねじの直径を表す数字又は番号]　−　[山数]　[ねじの種類を表す記号]

②ねじの等級
　ねじの等級は、ねじの等級を表す数字と文字の組み合わせ又は文字によって表す。
　この場合、ねじの種類に対する等級の区分は、それぞれの関連する規格の規定による。なお、ねじの等級は、必要がない場合は省略してもよい。

③ねじ山の巻き方向
　ねじ山の巻き方向は、左ねじの場合には"LH"、右ねじの場合には一般につけないか、必要な場合には"RH"で表す。

☞　ねじの条数は、リードとピッチで表される

8-1-1　ねじの種類

ねじは、様々な特性によって分類することができます。
・ねじ山の形で分類する場合（**表8-1**）
　　三角ねじ、角ねじ、台形ねじ、鋸歯ねじ 、丸ねじ、ボールねじなど
・ボルトやナットなど形状や寸法 、強度などで分類する場合
　　十字穴付きねじ、六角ボルト、六角ナットなど
・ねじ山のピッチで分類する場合
　　メートル並目ねじ、メートル細目ねじ、メートル台形ねじ、管用ねじなど

表8-1　ねじ山の形による分類

名称	特徴	形状
三角ねじ	一般的に締結（ていけつ）用として用いられます。ピッチの単位によって、メートルねじ（ミリメートル）、ユニファイねじ（インチ）があり 、ねじ山の角度は60°です（写真上）。 管用（くだよう）ねじはインチねじの一種で、ねじ山の角度は55 °となっています（写真下）。	
角ねじ	ジャッキや万力、バイスの締付けなど、大きな力の伝達用として用いられます。	
台形ねじ	旋盤など工作機械の送り用ねじとして用いられます。	
鋸（のこ）歯ねじ	ねじ山の断面が角ねじと三角ねじを組合せた、のこぎりの刃のような形状をしています。一方向からのみ大きな力が作用する場合に使用します。	

第8章　機械要素図面の描き方がわからへん！

φ(@°▽°@) メモメモ

- **おねじ、めねじ**
  外側にねじ山を持つものをおねじ、内側にねじ山があるものをめねじと呼びます。

a) おねじ

b) めねじ

- **右ねじ、左ねじ**
  時計回りに回転させると締まるねじを右ねじと呼び、逆に反時計回りに回転させると締めまるねじを左ねじと呼びます。通常、身の回りにあるねじのほとんどが右ねじです。左ねじが使われている例として、次のものがあります。
  - テンション調整用のターンバックル・・・同軸上に配置したねじを回転させることで、離れる方向や近づく方向に移動させるために右ねじと左ねじを組み合わせます。
  - 自転車のペダル・・・ペダルの根元はねじで組み立てられ、右足用は体重をかけると締まる方向であるため問題ありません。左足用は右ねじでは体重をかけると緩む方向に力が掛かるため、左ねじにしているのです。

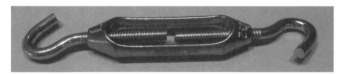
ターンバックル

- **一条ねじ、二条ねじ、多条ねじ**
  ねじの螺旋が1本のものを一条ねじ、2本、3本のものを二条ねじ三条ねじと呼びます。2本以上のものを総称して多条ねじと呼ぶこともあります。

- **ユニファイねじ**
  ネジの規格には、ISOねじ(ミリねじ)とユニファイねじ(インチねじ)の2種類があります。
  ユニファイねじ(Unified screw threads)は、米国で今なお使われているインチ規格のねじで、日本国内でもカメラと三脚を固定するねじや折りたたみ傘の先端の保護キャップ、航空機などに使われています。

8-1-2　管用（くだよう）ねじの種類

　管用ねじは、主に肉厚の薄い管や流体機器などの接続として、ねじ部の耐密性を主とした目的に使用されています（図8-1）。

　管用ねじは、管用平行ねじと管用テーパねじに大別され、次に示す記号を用いて表します（表8-2）。

図8-1　管用テーパおねじとめねじ

表8-2　管用ねじの種類と記号

管用ねじの種類		ねじの記号	特徴
管用 平行ねじ	平行おねじ	G（AまたはBをつける） 例：G1/2A	機械的接合を主目的とする。管用平行おねじと管用平行めねじを組み合せて使い、どちらも記号Gをつけて表示するが、おねじは有効径の許容差によって等級を表す記号(AまたはB)をつける。
	平行めねじ	G　※1	
管用 テーパねじ	テーパおねじ	R	ねじ部の耐密性を主目的とする。ねじ全体が1/16テーパになっており、水道管などに見られる白いシールテープをねじ部に数周程度巻きつけた後、締めこむことで耐密性を高める。
	テーパめねじ	Rc	
	平行めねじ	Rp　※2	

※1　※2：　GとRpは寸法許容差が異なるため、別のねじとして扱われます。

8-1-3　ねじの投影図

①ねじの描き方

　ねじはメートルねじや管用ねじなど種類に拘らず、太い実線と細い実線を組み合せた2重円を用いて表します。

　おねじの場合は、外径の線を太い実線で、ねじの谷底の線を細い実線で表します。めねじの場合は、内径の線を太い実線で、ねじの谷底の線を細い実線で表します。

　ねじの谷底を表す細い実線は、円周の3/4にほぼ等しい円の一部で表し、やむをえない場合を除いて右上方に1/4円をあけるのがよいと規定されています（**図8-2**）。

　やむをえない場合とは、寸法の矢が右上方からしか引き出せない場合や図形の省略によってねじの投影図が半分しか描けない場合をいい、右上方以外で1/4円を欠くことができます。

図8-2　おねじとめねじの表し方

　また、ねじが丸く見える方向から見た図において、面取りを表す円は省略します（**図8-3**）。

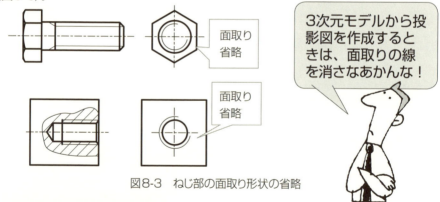

図8-3　ねじ部の面取り形状の省略

> 3次元モデルから投影図を作成するときは、面取りの線を消さなあかんな！

φ(@°▽°@)　メモメモ

太い実線と細い実線の覚え方

　おねじはまず軸の外径を削り、その後に外径から内側に向かってねじ山を加工します。従って、ねじ加工する直前の軸径を太い実線で描くと覚えます。

　めねじも同様に、まず下穴をドリルであけ、その後に下穴の外側に向かってねじ山を加工します。従って、ねじ加工する直前の下穴の径を太い実線で描くと覚えます。

② 隠れたねじの描き方
　隠れたねじを表す場合、内径及び外形は、共に細い破線で表します（図8-4）。

図8-4　隠れたねじの図示方法

③ ねじ部品の断面図のハッチング
　断面図で表すめねじにおいて、ハッチングを施す場合は、めねじの内径を示す線まで延ばして描きます。（図8-5）

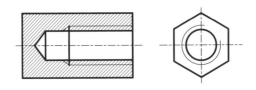

図8-5　めねじ断面図におけるハッチング

④ 不完全ねじ部
　不完全ねじ部は、機能上必要な場合、または寸法指示するために必要な場合は、傾斜した細い実線で表します。傾斜角度の規定はなく、30°程度でよいでしょう。
　ただし、不完全ねじ部は省略可能であれば図示しなくてもよいとJISで規定しています。（図8-6）

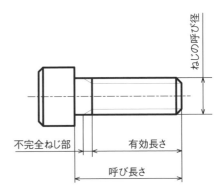

図8-6　不完全ねじ部の図示方法

⑤ねじの簡略図示方法

　図面上の直径が6mm以下、あるいは規則的に並ぶ同じ形状寸法の穴またはねじは、図示を簡略化してもかまいません（**図8-7**）。

　CADによる製図では、ねじ形状をコピーすることは簡単ですので、あえて省略する必要はありませんが、手書き製図の場合は、時間を効率的に使うためにも、省略するテクニックを使わない手はありません。

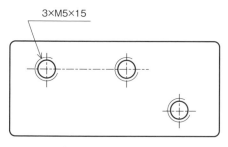

a) ねじの一般的な図示方法　　　　b) ねじの簡略図示方法

図8-7　ねじの簡略図示方法

φ(@°▽°@)　メモメモ

ねじの強度区分

　ボルトの強さは、小数点の左の数字と右の数字で表されます。

　例えば、ボルトの強度区分「12.9」とは、「12」が「1200N/mm^{2}以下で切れない」という強さを表し、「呼び引張強さ」と呼びます。

　次に「.9」が「1200N/mm^2 × 0.9＝1080N/mm^{2}以下では伸びても元に戻る」という強さを表しています。

　同様に「10.9」とは、1000N/mm^{2}まで切れずに90%の900N/mm^{2}までは元に戻ることです。

　ステンレス鋼の強度区分は、「A2-50」、「A2-70」等で表されます。

　A2は、A：オーステナイト系ステンレス鋼、2：化学組成の区分（グループ）を示します。

　50や70は、強度レベルを表し、それぞれ500N/mm^2、700N/mm^{2}の引っ張り強さを示します。

8-1-4　ねじの寸法記入

ねじの寸法指示は下記のように行います（図8-8）。
- ねじの寸法指示は、丸く見える方向から見た投影図では、おねじの山の頂、またはめねじの谷底から矢を引き出し記入します。
- ねじの断面図では、穴の入口の中心点から寸法線を引き出し一括指示することができます。
- ねじの断面図では、一般の寸法のように個別に寸法を記入することもできます。

ねじの下穴深さの数値は、機能上必要でない場合は省略してもかまいません。下穴深さを数値として指定しない場合は、一般的にねじの有効長さ＋ねじピッチの3倍程度に描きます。

下図では、下穴径と下穴深さを記入した例を示していますが、ねじの呼び径によって下穴径や下穴深さは決まっているので、特に理由がない限り下穴の寸法は記入しません。

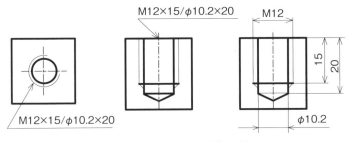

図8-8　ねじの寸法指示例

ねじの種類によって、呼び径の前に記入する記号が異なります。**表8-3**に示す記号を知っておきましょう。

表8-3　ねじの種類を表す記号

区分	ねじの種類		ねじの種類を表す記号	ねじの呼びの表し方の例
ピッチをmmで表すねじ	メートル並目ねじ		M	M8
	メートル細目ねじ			M8×1
	ミニチュアねじ		S	S0.5
	メートル台形ねじ		Tr	Tr10×2
ピッチを山数で表すねじ	管用テーパねじ	テーパおねじ	R	R3/4
		テーパめねじ	Rc	Rc3/4
		平行めねじ	Rp	Rp3/4
	管用平行ねじ		G	G1/2
	ユニファイ並目ねじ		UNC	3/8-16UNC
	ユニファイ細目ねじ		UNF	No.8-36UNF

メートルねじには、並目ねじと細目ねじの2種類があります（**表8-4**）。
読み方は、「ほそめねじ」あるいは「さいめねじ」のどちらかで呼ばれます。

表8-4　代表的なメートルねじのピッチ

ピッチ	M3	M4	M5	M6	M8	M10	M12	M16	M20	M24
並目	0.5	0.7	0.8	1	1.25	1.5	1.75	2	2.5	3
細目	0.35	0.5	0.5	0.75	1 0.75	1.25 1 0.75	1.5 1.25 1	1.5 1	2 1.5 1	2 1.5 1

　細目ねじは並目ねじよりもピッチが細かく、1回転あたりの進み量が小さいため、ゆるみ防止や微調整用のねじとして利用されます。
　並目ねじはピッチが1種類のため、ピッチを寸法として記入する必要はありません。
　細目ねじはピッチが複数種類存在するものもあり、呼び径の後にピッチを記入しなければいけません（**図8-9**）。

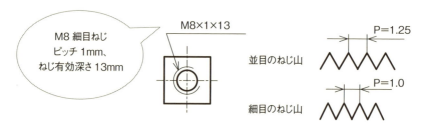

図8-9　メートル細目ねじの表し方

特殊なねじの表記方法の一例

（詳細は、本項冒頭の"ねじの表し方 JIS B 0123"を参照してください。）

● メートル細目ネジ（ピッチ1.5mm）、
呼び径45mm、めねじの等級6H
アルファベットは大文字がめねじを表す。

● 左3条メートル台形ねじ、呼び径50mm、
Tr（台形ねじ）　リード21mm、ピッチ7mm、
LH（Left Hand）　おねじの等級が6e
アルファベットは小文字がおねじを表す。

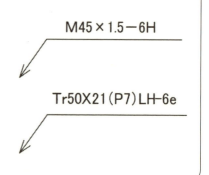

第8章 2 歯車の表し方

歯車製図　JIS B 0003

歯車の部品図は、表及び図を併記することとし、それぞれの記入事項は次のとおりとする。

① 要目表には原則として、歯切り、組み立て、検査などに必要な事項を記入する。
② 図には、主として歯車素材を製作するのに必要な寸法を記入する。また、組み立てに重要な位置決め面は必要に応じて記入しても良い。
③ 材料、熱処理、硬さなどに関する事項は、必要に応じて表の備考欄又は図中に適宜記入する。
④ 歯先円は、太い実線で表す。
⑤ 基準円は、細い一点鎖線で表す。
⑥ 歯底円は、細い実線で表す。ただし、軸に直角な方向から見た図（以下、主投影図という）を断面図で図示するときは、歯底の線は太い実線で表す。なお、歯底円は記入を省略しても良く、特にかさ歯車及びウォームホイールの軸方向から見た図（以下、側面図という）では、原則として省略する。
⑦ 歯すじ方向は、通常3本の細い実線で表す。
⑧ 主投影図を断面で図示するときは、外はすば歯車の歯すじ方向は、紙面から手前の歯の歯すじ方向を3本の細い二点鎖線で表す。内はすば歯車の歯すじ方向は、3本の細い実線で表す。

　歯車製図の規格は、一般の機械に用いる次の8種類の、主としてインボリュート歯車の製図について規定されています。

(1) 平歯車
(2) はすば歯車
(3) やまば歯車
(4) ねじ歯車
(5) すぐばかさ歯車
(6) まがり歯かさ歯車
(7) ハイポイドギヤ
(8) ウォームおよびウォームホイール

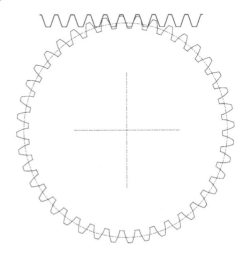

8-2-1　歯車の種類

歯車とは、「次々にかみ合う歯によって運動を伝達する機械要素」をいいます。

あるいは、「回転できる二軸に固定する剛体に凹凸面(歯)を設け、一方の凸面が相手の凹面に次々に入り込み、すべり接触を行うことによって、一つの軸から他の軸に回転運動を伝える(回転運動の極限の場合として、一方が直進運動を行うラックも含む)機械要素」と定義されています。

機械設計において動作を伝えるのに回転運動は大変効率のよい動作方式です。歯車は、この回転運動の動力伝達として様々な製品に利用されています（図8-10）。

　　a) モータの減速機　　　　b) 歯車ポンプ　　　　c) ラック＆ピニオン

図8-10　歯車を使った製品構造例

歯車はその形状、用途、材質、その他から様々な種類に分けられますが、歯車軸によって分類すると、次の3つに分類できます。
①二軸が互いに平行である歯車
　　平歯車、はすば歯車、内歯車
②二軸が一点で交わる歯車
　　すぐばかさ歯車、曲がり歯かさ歯車
③二軸が食い違っていて平行でもなければ交わりもしない
　　ラック＆ピニオン、ねじ歯車、ウォームギヤ、ハイポイドギヤ

Engineering Technology

歯車の種類

平歯車…歯すじが、軸に平行な直線である円筒歯車をいい、製作が容易であるため、動力伝達用に最も多く使われています。

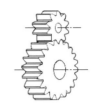

はすば歯車…歯すじがつるまき線である円筒歯車をいい、平歯車よりも噛みあい率が大きくなるため強度があり、静音化にも使われます。特徴として噛みあいによって軸方向力(スラスト力)が発生するため機械効率が平歯車より若干劣ります。

はすばラック…はすば歯車とかみあう、ねじれをもった直線歯形の歯車です。一般的な自動車の操舵装置に用いられるラック&ピニオンとして使われています。はすば歯車のピッチ円筒半径が無限大∞になって、直線になったと考えれば理解できると思います。

すぐばかさ歯車…歯すじが、直線で軸心が交わる交差歯車をいいます。比較的に製作が容易であるため、動力伝達用かさ歯車として一般的に使用されています。

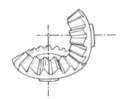

ハイポイドギヤ…「食い違い軸の間に運動を伝達する円すい状の歯車の対」で、かさ歯車の2軸が交わらないものです。一般に、減速比は1/10までですが、ハイレシオ ハイポイドギヤは高減速比が可能で、設計によってはウォームギヤ同様に非可逆性を持たせることができます。

ウォーム&ウォームホイール…コンパクトな機構で大きな減速比(高トルク)を簡単にとるのに最適な歯車です。すべりにより力を伝達するため、静音化に用いられますが、機械効率が30%程度と著しく悪いのが特徴です。また、非可逆特性を持つため、出力軸からの静的な力では回転できません。

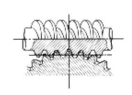

8-2-2　歯車製図

　歯車は、軸に直角な方向（歯すじが見える方向）から見た図を正面図とし、軸線を水平に配置します。
　円周上に存在する歯車の歯は、インボリュート歯形という突起が一般的ですが、投影図として歯形は描きません。そこで、歯形の代わりに下記のような簡略図を用います（図8-11）。
・歯先円（歯の先端）は、太い実線で表します。
・基準円（互いの歯のかみ合い中心線）は、細い一点鎖線で表します。
・歯底円（歯の谷底）は、細い実線で表します。ただし、軸に直角な方向から見た図（正面図）を断面図で図示するときは、歯底の線は太い実線で表します。なお、歯底円は記入を省略することができます。

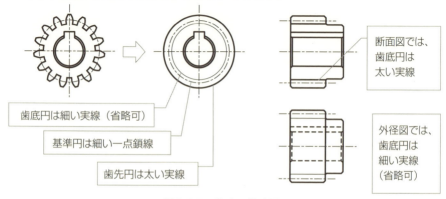

図8-11　歯車の簡略図

　はすば歯車（歯が軸線に対して傾いているもの）は、歯すじ方向を図示します。
・外形図で表す場合、歯すじ方向は3本の細い実線で表します（図8-12a）。
・断面図で表す場合、歯すじ方向は外形図にしたときに見える歯すじ方向を3本の細い二点鎖線（想像線）で表します（図8-12b）。

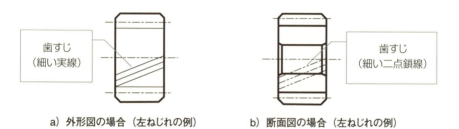

a）外形図の場合（左ねじれの例）　　b）断面図の場合（左ねじれの例）

図8-12　歯すじの図示方法

一般的な歯車の製図は、歯切り加工前の形状を表す寸法線と、機能上必要とされる寸法公差や幾何公差とともに、要目表を同一図面内に記入します。
　要目表とは、製作する歯車の諸元(モジュールや歯数、工具圧力角など)や相手歯車との中心間距離、加工方法などを記入します。

①平歯車の図示例

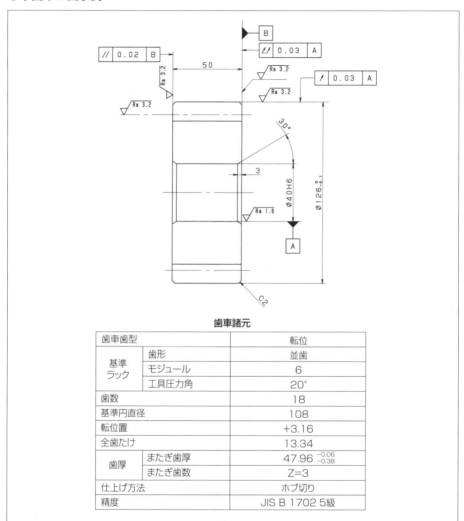

歯車諸元

歯車歯型		転位
基準ラック	歯形	並歯
	モジュール	6
	工具圧力角	20°
歯数		18
基準円直径		108
転位置		+3.16
全歯たけ		13.34
歯厚	またぎ歯厚	47.96 $^{-0.06}_{-0.38}$
	またぎ歯数	Z=3
仕上げ方法		ホブ切り
精度		JIS B 1702 5級

※図形、数値および備考内容などは全て例示であり、歯車特有の寸法以外は記入を省略しています。

図8-13　平歯車の図示例

②はすば歯車の図示例

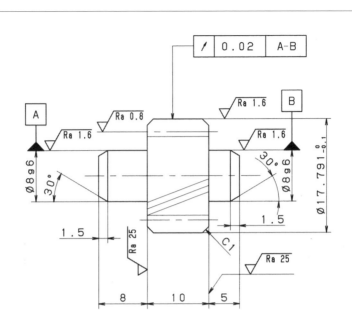

歯車諸元

歯車歯型		転位
歯形基準平面		歯直角
基準ラック	歯形	並歯
	モジュール	1.25
	工具圧力角	14.5
歯数		10
ねじれ角		25°(左)
基準円直径		13.791
転位置		+0.75
全歯たけ		2.81
歯厚	またぎ歯厚	9.97 $^{+0.03}_{0}$
	またぎ歯数	Z=3
仕上げ方法		研削仕上げ
精度		JIS B 1702 2級

※図形、数値および備考内容などは全て例示であり、歯車特有の寸法以外は記入を省略しています。

図8-14　はすば歯車の図示例

第8章 3 ばねの表し方

> **ばね製図　JIS B 0004**
> ①コイルばね、竹の子ばね、渦巻きばね及び皿ばねは、一般に無荷重で描き、また重ね板ばねは一般にばねが水平の状態で描く。
> ②要目表に断りがないコイルばね及び竹の子ばねは、全て右巻きのものを示す。なお、左巻きの場合は、"巻き方向　左"と記す。
> ③図中に記入しにくい事項は、要目表に一括して表示する。
> ④ばねの全ての部分を図示する場合は、"JIS B 0001"による。ただし、コイルばねの正面図はらせん状となるが、これを直線で表す。また、有効部と座の部分の移り部は、ピッチおよび角度が連続的に変化しているが、これを直線による折れ線で表す。
> ⑤コイルばねにおいて、両端を除いた同一形状部分の一部を省略する場合は、省略する部分の線径の中心線を細い一点鎖線で表す。
> ⑥断面形状の寸法表示が必要な場合、及び外観では表しにくい場合は、断面図で表してもよい。
> ⑦ばねの種類および形状だけを簡略図で表す場合は、ばね材料の中心線だけを太い実線で描く。
> ⑧組立図、説明図などでコイルばねを図示する場合は、その断面だけを表してもよい。

　ばねとは金属やゴムなどの材料が持っている弾性を、有効に利用できるような形にしたものです。しかも変形を受けても元の形に復元する特徴を持つものをいいます。
　ばねの機能には次の三つがあります。

① 荷重の増減によってたわみが変化する。
② エネルギーを吸収・蓄積する。
③ 振動・衝撃を緩和する。

　荷重とたわみの関係は、通常の圧縮・引張りばねのように荷重を受けたとき、直線的に変化するもの（線形特性と呼びます）が多く、また、皿ばねのように非線形特性を示すものもあります。

8-3-1　ばねの種類

ばねを設計する場合、使用条件に応じ必要なばね定数を与え、使用中起こりうる最大の負荷または繰り返し荷重に対し適当な安全率を見込み、ばねの占める空間を考慮しながら形式、大きさ、寸法を決めていきます。

代表的なばねに、金属製コイルばねである圧縮ばね、引張りばね、ねじりばねなどがあります（図8-15）。

コイルばねは低価格でコンパクトなどの利点から最も広い用途に使われています。フック部や座巻き部を除いて均等な応力がかかるため、板ばねなどより材料の利用効率が高いという特徴があります。

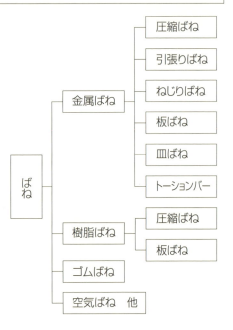

図8-15　ばねの分類

機械設計における直線運動あるいは揺動運動は、回転運動の次に使われる動作方式です。ばねは、このような運動の動力源として様々な製品に使用されています（図8-16）。

a) サスペンション
　（圧縮ばね）

b) リンクレバー
　（引張りばね）

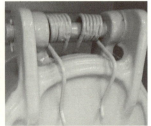
c) 装置カバー
　（ねじりばね）

図8-16　ばねを使った製品構造例

8-3-2 ばね製図

一般的によく用いられるばねの図面は、そのはねの形状を表す寸法線とともに、ばねの諸元を記入する要目表を同一図面内に示します。

①圧縮ばねの図示例

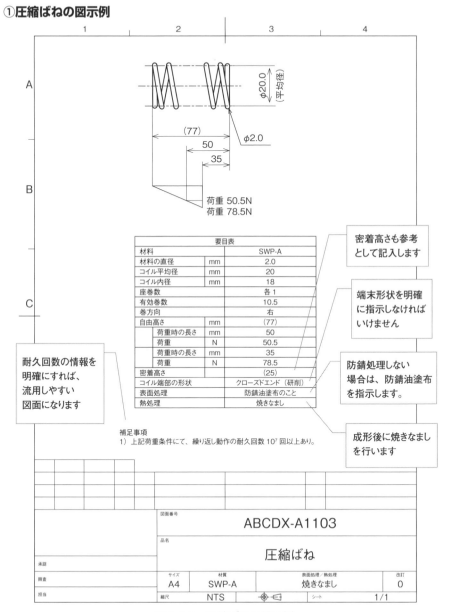

図8-17 圧縮ばねの図面例

②引張りばねの図示例

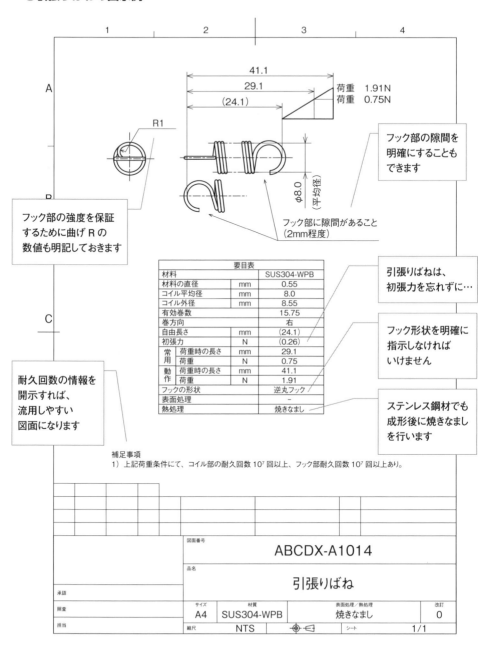

図8-18 引張りばねの図面例

③ねじりばねの図示例

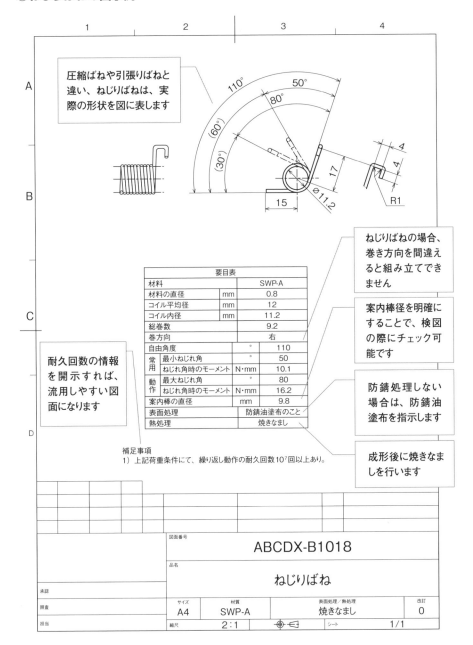

図8-19 ねじりばねの図面例

第8章のまとめ

第8章で学んだこと
　代表的な機械要素の種類と投影図の描き方、寸法の記入法を学びました。ねじ、歯車、ばねは機構設計には欠かすことのできない重要なアイテムです。

よくやる間違い例
◆めねじの投影図の悪い例と改善例（太い実線は切り欠かない）

◆めねじの投影図の半分省略時の悪い例と改善例（半分省略でも切り欠きが必要）

◆管用テーパめねじの悪い寸法例と改善例（テーパめねじは深さ指示不要）

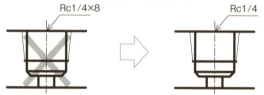

◆管用平行めねじの悪い寸法例と改善例（平行めねじは深さ指示必要）

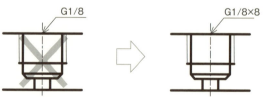

次にやること
◇設計作業には、描いた図面を製造へ伝達する〝出図作業〟から図面管理・図面修正など付随する仕事がたくさんあります。実際に企業に勤務してみるとわかりますが、設計をする時間に対して、他部門との調整や図面管理、図面修正する時間の方が圧倒的に多いのが現実です。最後に、図面管理について学習しましょう。

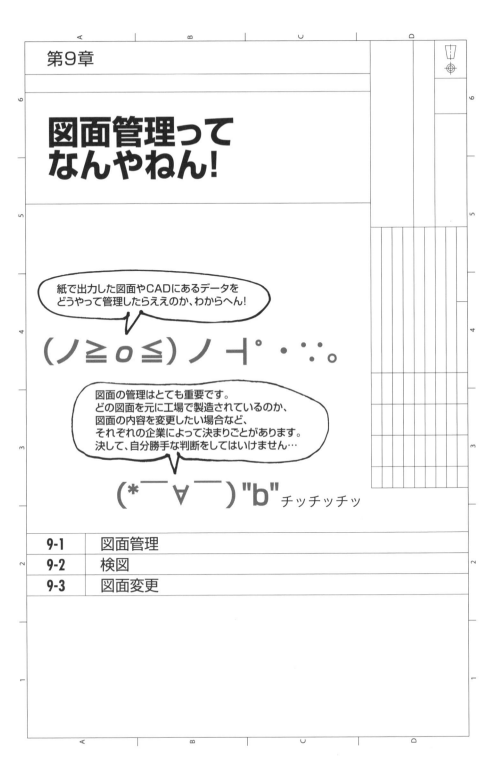

第9章 1 図面管理

モノづくりにおいて、設計部門は全社的に中心的な役割を果たします。

また種々の要求が設計に持ち込まれ、信頼性向上・コスト低減を調和しながら、かつ工場の生産を止めることなく業務を遂行しなければいけません。

そのためにも、設計が描いた図面を管理することはとても重要なことなのです。

図面管理とは、図面の作成から検図・承認、出図、図面の投影図の形状とCADの組立図データの整合、図面や関連技術資料の保管、図面変更管理などがあります。

企業において、図面の原紙や元データは、原則として集中管理と永久保管されます。

また、これらの持ち出しについては貸出先や回収期限を明確にして厳密に管理する必要があります。そう、**図面は企業にとって"財産"**なのです。

図面の管理については検索効率の向上や紛失防止対策及び保管スペースの適切化を考慮して、その企業に適した管理方法が選ばれていることと思います。

近年、ほとんどの企業でCAD(Computer Aided Design)を用いて図面を作成することが当たり前ですが、CADを導入する前の手書きの図面も未だに混在して使われているのが現状です。

過去に作成した紙の図面から各種CAD図面をデータ化したものを、関連書類も含めてサーバーで一元管理する図面管理システムが一般的です。サーバーとは、「ネットワークで繋がったコンピュータ上で他のコンピュータにファイルやデータ等を提供するコンピュータ、またそのプログラム」をいいます。

イントラネット（その企業内でしか閲覧できないネットワーク）環境を使って、パソコン画面から図面を検索・閲覧し、必要なデータを即座に表示・出力できる統合的な図面管理システムを多くの企業が取り入れています。

この統合的な図面管理システムを導入することで、次のようなメリットがあります。

・設計部門が作成した図面を他部門の担当者がCADソフトを利用せずに閲覧できる。
・設計部門で保管している図面を他部門から簡単に閲覧が可能。
・出図時のペーパーレス化が図れる。

統合的な図面管理システムによって、技術部門における設計・開発業務のスピードアップはもちろん、海外にあるグループ企業・関連企業との図面を主とした図面情報の共有化により、開発から製造までの製品供給リードタイムを大幅に短縮することが期待されます。

ISO9001において、図面は品質文書と位置づけられ、重要な管理書類の一つです。
　図面は検図・承認されているか、その図面や元データはどのように管理され、正式に出図され、どの版数の図面が製造部門に渡っているか、また図面変更が発生した場合の業務の流れなど、その企業で取り決めた"品質保証ルール"に従って実施することが要求されます。
　したがって、図面を描くまでが設計者の仕事ではなく、描いた図面を管理し、修正した場合に確実に図面が差し替えられる手続きまで責任を持たなければいけないのです。

面倒やからって、図面上だけで形状を修正して、組立図の形状を直すのを怠ったらあかんで！

Engineering Technology

ISO9001

　ISO9001は、QMS（Quality Management System）とも呼ばれ、品質マネジメントシステムの規格のことです。
　これは、供給者の品質システムが、購入者が満足する製品、サービスを提供できる能力を維持しているか確認するための世界的なルールです。
　つまり、不良品が発生することを前提に、不良品をゼロにするために業務を改善する仕組みを作ることを目的としています。
　ISO9001の認証取得は、第三者機関である審査登録機関が審査し、合格・登録して初めて証明され、定期的な監査に合格し続けなければいけません。

9-1-1　出図（しゅつず）作業

　一般的な作図から出図（部品を製作するために製造部門に図面を渡す作業）の流れを、図面管理システムの有無の違いで示します。

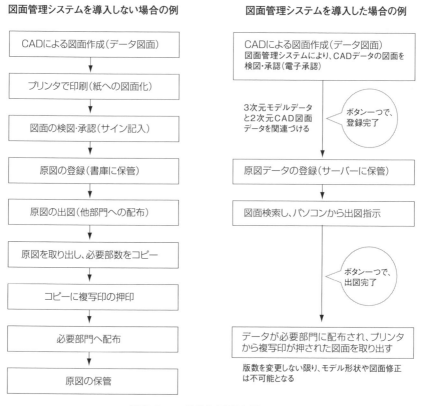

図9-1　一般的な図面出図フロー

　上記のフローを見ればわかるように、図面管理システムを用いない場合は、紙の図面が原紙として大変重要な書類として扱われ、かつコピーのために持ち出したりするため、図面の破損や紛失の可能性があり、管理部門は大変苦労していました。
　しかし、図面管理システムを導入することで画面上の図面（データ）が原紙として取り扱われます。従って、一度承認された図面は参照できても変更することは許されず、後で説明する図面変更という作業をして、改正の履歴を残すために図面番号の版数（Revision）を更新しなければ図面修正できないシステムになっています。

9-1-2　部品番号のつけ方

機械の部品には、部品名称と共に部品番号が付与されます。

図9-2に示す、電卓の上カバーAssyの図面に示すように、部品コードと部品名称、使用個数などを記載する部品表と、それぞれの部品の番号（本図では、A，B，C…）を組立図に記入します。

部品の番号は、各部品の明確に理解できる部分から引き出し線を出し、その先端は矢印あるいは黒丸を付け、その反対側に丸い円の中に部品番号を記入したものを描きます。

このような組立図に寸法線を記入することもあるため、寸法線と間違わないように、引き出し線は斜めに記入するのがよいとされています。

図9-2のように図枠の中に部品リストを記入する場合と、別資料として部品リストを作成する場合があります。

この部品リストのことを、ボム（BOM：Bill of Materials）と呼びます。

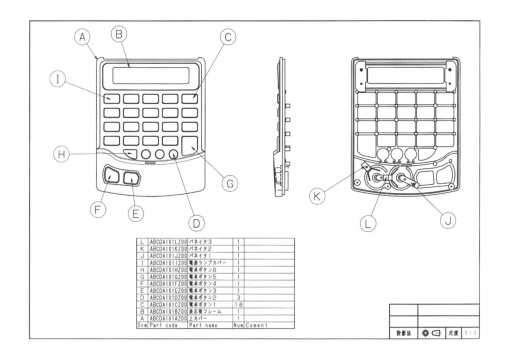

図9-2　部品番号の記入例

部品番号（部品コードあるいは品目コードなどとも呼ばれます）の決め方は、特に規定はありませんが、設計者としてどのように製品を組立てるかという確認のために、組立する順番に番号を付与することをお勧めします。

　例えば、**図9-3**に示す電卓のパーツカタログを見てみると、①の部品を基準として、②③④…と順番に組めることが想像できますね。
　このように、設計者自身が自分の設計した製品をどのように組めばよいか、確認しながら、かつ設計忘れや部品漏れがないかチェックしながら番号を付与するのです。

図9-3　電卓のパーツカタログ例

　本格生産段階になると、市場で部品が破損したりして交換する場合に、現地の支店や顧客からその破損した部品の発注依頼がきます。
　そのためには、製品を細かく分解した"パーツカタログ"というものを準備して、技術資料という扱いで配布しなければいけません。
　注意しなければいけないのが、図面変更によって形状が大幅に変わったり、互換性がなくなったりした場合は、この資料に継続して変更点、注意点などを盛り込まなければいけないことです。
　設計者は産みの苦しみと、その後のフォローの苦労と、まさにゆりかごから墓場まで面倒を見なければいけないのです。

第9章 2 検図

皆さんはデザインレビュー（Design Review：設計審査）という言葉を耳にしたことがあるでしょうか？

デザインレビューとは、製品開発におけるフェーズごとに、設計はもちろん他部門などの有識者が集まり、構想書・計画図・図面・技術資料・試作品などを使って、信頼性・コスト・組立性・加工性・保守性などの視点で審査する行為を体系化したものです。デザインレビューの目的は、客観的に複数の人が様々な視点で審査することで、より開発の初期段階（上流）で品質・コストを確保することです。

広義の意味でのデザインレビューですが、検図は狭義の意味でのデザインレビューといえます。

つまり、検図とは、皆さんの描いた図面が、誤りなくかつ機能を満足し、コストや加工性も充分検討された図面であるかどうかを審査することです。

ここで注意しなければいけないことは、**検図を寸法漏れのチェックと思っている技術者が、担当者のみならず、上位者にも多いことです。**

極論をいえば、検図において、寸法漏れは優先度が低いのです。

寸法漏れがあった場合、加工者はその部品を製作することができません。従って、自然と設計担当者に「怒りの問い合わせ」が入ります。

寸法漏れはそのときに丁重に謝って、すぐに図面を修正すればよい問題です。

しかし、いい加減な基準の取り方や、ばらつきを考慮しない寸法配列のせいで、数ヵ月後、あるいは数年後に「機械の調子が悪い」「組立できない」「異音がする」といった不具合が発生して初めて図面の描き方に不備があったと発覚することがよくあるのです。

コストについても然り。不要な公差や幾何公差によって、コストが上がったまま、何千個、何万個という部品を作った後で気が付いても、あなたが会社に与えた損害はとても大きな金額といえるのではないでしょうか？

> 検図するときは、必ず計画図を見ながらせなあかんな！

☞ 検図とは、寸法漏れをチェックすることではない！

検図には、設計者自身が行うセルフチェックと上司らが行う第三者チェックがあります。

検図を行う際のポイントは、思い込みを排除して、いかに客観的に行えるかという点にあります。

検図にあたって、次の視点で図面をチェックしていくとよいでしょう。

- **部品の目的**
  その部品がどのような機能を持つのか組立図を見て把握し、部品名称や材質、表面処理が適切かなど、表題欄を中心に確認する。
- **製図面**
  三角法に従い投影図の配置は正しいか、尺度や断面、図形の省略などJIS製図のルールに準拠しているかなど、投影図を中心に確認する。
- **機能面**
  基準となる面や点が明確に理解できるか、基準と機能する部分を直接寸法線で指示しているか、重要機能寸法やはめあいなど寸法公差と表面性状記号、又は必要があれば幾何公差が記入されているかなど、基準と機能軸回りを中心に確認する。
- **コスト面**
  要求機能に対して、妥当な材料、表面処理を使用しているか、不要に厳しい寸法公差や表面粗さを指示していないか、肉厚や板取り（板金の場合、決められた大きさの板から有効に部品を切り出すこと）に無駄がなく、部品自体シェイプアップされているか、「C」面取りでいいものを「R」面取りにして加工性を悪くしていないかなど、コストアップにつながる要因を中心に確認する。
- **安全面**
  操作面など人が触る可能性のある部分にシャープエッジはないか、エッジ部は面取りあるいは曲げ加工やバレル加工処理などを施しているかなど、安全性を中心に確認する。
- **環境面**
  禁止されている有害物質を材料や表面処理に選定していないか、樹脂成形部品にリサイクル表示の漏れはないかなど、環境面を中心に確認する。
- **その他**
  一般寸法など寸法漏れはないか、ねじや穴の個数は正しいか、機械加工面は全て表面性状記号が記入されているか、などを確認する。

検図の方法は一朝一夕では確立されません。また、どんな企業でもこれといった検図システムを確立できていないのが現状です。
いかに問題意識を持って、図面を審査するかという"姿勢"がポイントです。

第9章　3　図面変更

　不具合や仕様変更などによってを検図・承認された図面を修正する場合、図面にその変更内容を意思表示しなければいけません。

　図面に修正が発生した場合、図枠の中に設けられた改正欄に版数（Revision）、変更理由、日付、変更担当者名などを記入した上で、図中に三角マークの中に版数を記した改正マークを必要数だけ記入します。

　改正マークは特に決められたものはなく、⚠や①を改正マークとして利用している企業もあります。

　このとき、変更後の形状・寸法を正しい位置に配置し、修正前の寸法数値を取り消し線と共に表記し、その近くに改正マークを指示します（**図9-4**）。

　しかし、改正マークが多すぎて図面として見づらくなり、誤解を与えると判断する場合は、新規に図面を作成して大幅変更であることを明記しなければいけません。

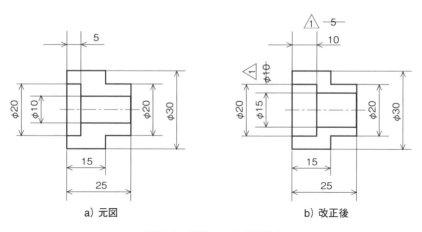

図9-4　改正マークの記入法

機能上や組立上の変更以外にも、寸法漏れや誤字があった場合にも、図面を修正せなあかんから、そんなことで時間をつぶしたいな…

第9章のまとめ

第9章で学んだこと
　図面管理の重要性と検図方法ならびに図面変更時の記号の記入方法について学びました。

本書を読み、実務でやること
◇第1章から第9章までを通して、製図の基本を学びました。これらの内容を理解された皆さんは充分設計者として通用する技能を修得したといえます。
◇企業のグローバル化に伴い、海外との図面のやり取りが増えてきます。図面は英語に匹敵する世界共通言語です。製図のルールを守り、わかりやすい図面を描くことで、世界に通用する図面を描いてください！

製図は、不変の技術である！

設計とは、機能を形にする技術。

図面とは、機能を正しく伝達する手段。

製図の目的は、意志の伝達。

意志の伝達に一義性を持たせるため、製図の作法を決めて守ることが重要。

機能を正しく反映した図面を描くことが最終的に、企業利益に反映される。

<参考文献>
1) JISハンドブック　59　製図　2015(日本規格協会)
2) 機械製図マニュアル　2000年版　編集委員長　桑田浩志(日本規格協会)
3) 製図マニュアル精度編　編集委員長　佐藤　豪(日本規格協会)
4) 勘どころ設計技術　日経メカニカル別冊

将来に向かって‥

　これから皆さんがプロのエンジニアとして成長するにあたって、最も重要なことは「固有技術（専門分野の技術）を磨き、ノウハウを身につけ、ご自身の〝売り〟を必ず作る」ことです。
　固有技術とは、皆さんが経験した設計作業によって得た製品の特性や特異な使用による不具合症状、そしてその対策内容など、失敗を乗り越え、問題を解決した経験（＝ノウハウ）そのものなのです。

　固有技術を身につけ、創造力（ユーモアとオリジナリティ）を豊かにすることが、将来の技術者に求められる要件です。

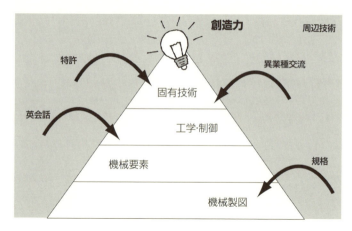

機械エンジニアの要件

　決して視野の狭いエンジニアとならず、「物事を俯瞰（ふかん）して見る力」と「細かい部分に気を使う繊細さ」を持つように心がけてください。
　それでは、読者の皆さんがすばらしいエンジニアになるように魔法をかけてご挨拶に代えさせていただきます。
　ファイア〜！(*ﾟ▽ﾟ)ﾉ　)))) 炎)))))))))))) .:*:･☆･:*:･★

山田学より

● 著者紹介

山田　学 (やまだ　まなぶ)

S38年生まれ、兵庫県出身。ラブノーツ 代表取締役。
著書として、『図面って、どない描くねん！』、『設計の英語って、どない使うねん！』、『めっちゃ使える！機械便利帳』、『図面って、どない描くねん！LEVEL2』、『図解力・製図力 おちゃのこさいさい』、『めっちゃ、メカメカ！リンク機構99→∞』、『メカ基礎バイブル〈読んで調べる！〉設計製図リストブック』、『図面って、どない描くねん！Plus＋』、『図面って、どない読むねん！LEVEL00』、『めっちゃ、メカメカ！2 ばねの設計と計算の作法』、『最大実体公差』、『設計センスを磨く空間認識力"モチアゲ"』、『図面って、どない描くねん！バイリンガル』 共著として『CADって、どない使うねん！』(山田学・一色桂 著)、『設計検討って、どないすんねん！』(山田学 編著) などがある。

図面って、どない描くねん！第2版
現場設計者が教えるはじめての機械製図

NDC 531.9

2005年8月30日	初版1刷発行	
2015年10月23日	初版40刷発行	
2016年2月19日	第2版1刷発行	
2025年7月18日	第2版22刷発行	

　　Ⓒ著　者　山田　学
　　　発行者　神阪　拓
　　　発行所　日刊工業新聞社
　　　　　　　東京都中央区日本橋小網町14番1号
　　　　　　　（郵便番号103-8548）
　　　　　書籍編集部　　電話03-5644-7490
　　　　　販売・管理部　電話03-5644-7403
　　　　　　　　　　　　FAX03-5644-7400
　　　　　URL　https://pub.nikkan.co.jp/
　　　　　e-mail　info_shuppan@nikkan.tech
　　　　　振替口座　00190-2-186076
　　　　　本文デザイン・DTP――志岐デザイン事務所（矢野貴文）
　　　　　本文イラスト――小島サエキチ
　　　　　印刷――新日本印刷

定価はカバーに表示してあります
落丁・乱丁本はお取り替えいたします。
2016 Printed in Japan
ISBN 978-4-526-07530-8　C3053

本書の無断複写は、著作権法上の例外を除き、禁じられています。

日刊工業新聞社の好評図書

図面って、どない描くねん！LEVEL2
―現場設計者が教えるはじめての幾何公差

山田 学 著
A5判240頁　定価（本体2200円＋税）

　昨今では、寸法公差だけの図面では、形状があいまいに定義されるため、幾何公差を用いたあいまいさのない図面定義が必要とされています。これについては、GPS規格としてISOでも審議されてきているのです。
　本書は「幾何公差を理解することは製図を極めることである」と信じる著者による大ヒット製図入門書、第2弾。実務設計の中で戦略的に幾何公差を活用できるように、描き方から考え方、代表的な計測方法までをわかりやすく、やさしく解説しました。幾何公差をこれだけわかりやすく解説した本は他に類がありません！

＜目次＞
第1章　バラツキって、なんやねん！
第2章　データムって、なんやねん！
第3章　幾何特性って、なんやねん！
第4章　形状公差って、どない使うねん！
第5章　姿勢公差って、どない使うねん！
第6章　位置公差って、どない使うねん！
第7章　振れ公差って、どない使うねん！
第8章　幾何公差の相互依存って、なんやねん！
第9章　幾何公差を使ってみたいねん！

最大実体公差
―図面って、どない描くねん！LEVEL3

山田 学 著
A5判170頁　定価（本体2200円＋税）

「図面って」シリーズ最高峰のレベル3！最高難度を求める人にこそ読んで欲しい1冊。さらに進化した幾何公差、それが、「最大実体公差」。寸法公差と幾何公差の"特別な相互関係"にある最大実体公差は、論理性を持って読み解かなければ設計意図を理解できない。また同様に図面に指示することさえできない。機械製図の最高峰である「最大実体公差」をやさしく解説した本。

＜目次＞
第1章　独立の原則と相反する包絡の条件ってなんやねん！
第2章　どないしたら幾何公差だけ増やせんねん！
第3章　最大実体公差って、どの幾何公差に使ったらええねん！
　　　　～形状公差・姿勢公差編～
第4章　最大実体公差って、どの幾何公差に使ったらええねん！～位置公差編～
第5章　機能ゲージって、どない設計すんねん！
第6章　最大実体公差を、もっと簡単に検査したいねん！
第7章　その他の幾何公差テクニックはどない使うねん！

日刊工業新聞社の好評図書

図解力・製図力 おちゃのこさいさい
―図面って、どない描くねん！LEVEL0

山田 学 著
B5判228頁（2色刷） 定価（本体2400円＋税）

　ついに登場した究極の製図入門書。ヒット作「図面って、どない描くねん！」のLEVEL0にあたるレベルでありながら、「図解力と製図力を身につけることを目的とした」ドリル形式の入門書です。「図解力が乏しいということは設計力が弱いことを意味する」と主張する著者が世界一やさしい製図本を目指して書いています。学習しやすい横レイアウト、全編2色刷の見やすい内容、豊富な演習問題(Work Shop)、従来の製図書にはなかった設計の基本的な計算問題にも対応、そして何より楽しく学習するための工夫がいっぱい詰まっています。

<目次>
第1章　立体と平面の図解力
第2章　JIS製図の決まりごと
第3章　寸法記入と最適な投影図
第4章　組み合せ部品の公差設定
第5章　設計に必要な設計知識と計算
第6章　Work Shop解答解説

図面って、どない読むねん！ LEVEL 00
―現場設計者が教える
　図面を読みとるテクニック

山田 学 著
A5判248頁　定価（本体2000円＋税）

<目次>
第1章　正確に図形を伝える言葉を、知らなあかんねん！
第2章　投影図を読み解くとは、類推することやねん！
第3章　投影図以外の情報を、手がかりにすんねん！
第4章　投影図を読み解く、ワザがあるねん！
第5章　寸法数値以外の記号が、読み解くカギやねん！
第6章　寸法はばらつくから、公差があるねん！
第7章　幾何公差は寸法と区別して、考えなあかんねん！
第8章　溶接記号は丸暗記せんでええねん！
第9章　専門用語を知らな、読めへん図面があるねん！
第10章　図面管理に必要な記号を、見逃したらあかんねん！

　図面を描く上で専門用語すら知らない「図面を読む立場の人」や、そういった相手を意識して図面を描かねばならない技術者向けの「製図＜読み／描き＞トレーニング」本。図面を見て話をする際に頻繁に出てくる用語を、具体的な図形や写真を使って解説。同時に、図面を読み描きする際に最低限必要な「LEVEL 00」相当の図解力も養います。もちろん、はじめて製図を勉強する人にもおすすめです。
　読み手の思考に合わせたページ展開で、とても読みやすく、わかりやすくなっています。

日刊工業新聞社の好評図書

めっちゃ使える！機械便利帳
―すぐに調べる設計者の宝物

山田 学 編著
新書判176頁　定価（本体1400円＋税）

　著者自身が工場の現場や、CADの前でちょっとした基本的なことを調べたいときにあると便利だと思い、自作していたポケットサイズの手帳を商品化したもの。工場の現場でクレーム対応している最中や、デザインレビュー等の会議の場ですぐに利用できる手軽なデータ集です。

　記入できるメモ部分もありますので、どんどん使い込んで自分だけの便利帳にしてください。装丁は、デニム調のビニール上製特別仕立て。まさに設計現場で戦うエンジニアの宝物です。

<目次>
第1章　設計の基礎
第2章　数学の基礎
第3章　電気の基礎
第4章　力学の基礎
第5章　機械製図の基礎
第6章　材料の基礎
第7章　機械要素の基礎
第8章　海外対応の基礎
〈付録〉　メモ帳（方眼紙）

めっちゃ、メカメカ！
リンク機構99→∞
―機構アイデア発想のネタ帳

山田 学 著
A5判208頁　定価（本体2000円＋税）

<目次>
第1章　リンク機構の基本
第2章　メカトロとリンク機構
第3章　四節リンクの揺動運動
第4章　四節リンクの回転運動
第5章　四節リンクとスライド機構
第6章　その他の四節リンクの運動
第7章　多節リンクの運動

　リンク機構とは、複数のリンクを組み合わせて構成した機械機構。これは、機械設計や機械要素技術の基本中の基本ですが、設計実務の中でリンク機構を考案する際、イレギュラーな機構ほど機構考案に時間がかかり、しかも、機構アイデアには経験や知識が問われます。

　本書はこのリンク機構設計の仕組みと基本がよくわかる本であり、パラパラとめくって最適な機構を探せる、あると便利なアイデア集でもあります。ぜひ、本書から無限大の発想を生み出して下さい。